Sitzungsberichte
der Heidelberger Akademie der Wissenschaften
Mathematisch-naturwissenschaftliche Klasse
Jahrgang 1929. 13. Abhandlung.

Zur tektonischen Analyse von Schmelztektoniten

Von

B. Sander und **E. Felkel**

mit Beitrag von **O. Reithofer**

Eingegangen am 16. Juli 1929

Berlin und Leipzig 1929

Walter de Gruyter & Co.

vormals G. J. Göschen'sche Verlagshandlung / J. Guttentag, Verlagsbuchhandlung / Georg Reimer / Karl J. Trübner / Veit & Comp.

Inhalt.

Zur tektonischen Analyse von Schmelztektoniten.

Deutsche Erstarrungsgesteine, zum Teil für den Zweck der Untersuchung auf einer von der Notgemeinschaft der Deutschen Wissenschaft unterstützten Reise gesammelt, werden nach den für alle Gesteine mit summierbarer Teilbewegung im Gefüge (Tektonite) aufgestellten Gesichtspunkten und Methoden untersucht und als „Schmelztektonite“ dargestellt. Dies geschieht mit der Absicht, die Übertragbarkeit jener Gesichtspunkte und Methoden auf die Untersuchung von Erstarrungsgesteinen auch an Beispielen zu zeigen. Nach einer allgemeinen Erörterung der Gesichtspunkte und ihrer grundsätzlichen Übertragbarkeit auf die Durchbewegung erstarrender Schmelzen werden als Beispiele deutsche Quarzporphyre mit vorkristalliner Umformung (SANDER), sodann *s*-Flächen und Gürtel an deutschen Erguß-, Gang- und Tiefengesteinen (FELKEL) mit parakristalliner Umformung und Regelung nach der Korngestalt beschrieben.

Allgemeines. (B. SANDER).

Sowohl in Tektoniten ohne Schmelzung als in erstarrten Magmen finden wir gleiche Bewegungsbilder des Strömens in ebenen, gebogenen und wirbelig um eine Achse *B* (⊥ zu den Stromfäden) gewickelten Schichten; eingewickelte Faltung (Wickelfalten) solcher Schichten laminarer Strömung; Wirbel (mit heterogenem Kern in Tektoniten); ja selbst der Gegensatz laminarer und turbulenter Strömung läßt sich in seiner Kinematik und mit einigen Einschränkungen mit Vorteil von reibenden Flüssigkeiten auf Tektonite übertragen, deren viele sich eben als reibende Flüssigkeit verhalten haben.

Die ebenfalls lehrreiche Betrachtung der Verschiedenheit in den Bewegungsbildern gewisser Tektonite und der geströmten Erstarrungsgesteine soll bei anderer Gelegenheit erfolgen (vgl. auch S. 14), eine Verschiedenheit, deren Extremfälle etwa das Strömen einer Flüssigkeit und die Deformation eines eben noch stetig deformierbaren Teiges erkennen lassen.

Das im ersten Satze Gesagte ist aus zwei Gründen zu erwarten. Erstens durchlaufen während der Erstarrung deformierte Massen dieselben für das Festigkeitsverhalten entscheidenden Größen bei gleicher Deformationsgeschwindigkeit wie manche Tektonite ohne Schmelzung. In solchen Fällen ist es überflüssig, nach Unterschieden im kinematischen oder dynamischen Verhalten bei der Umformung zu suchen, und beirrend, solche Unterschiede von vornherein zu erwarten oder gar durch unterscheidende Termini zu behaupten.

Zweitens ist die stetige Deformation solcher Körper, welche nach ihrem Verhalten unter ganz bestimmten Alltagsbedingungen „fest" genannt werden, von der „flüssiger" Körper nicht so verschieden, wie es dem Unbewanderten oder auch jenem scheinen kann, der mit den Begriffen der Hydrodynamik an die letzteren und den Begriffen der mechanischen Technologie an die ersteren herangeht und Kinematik und Dynamik in seiner Betrachtung nicht sorgfältig scheidet. Bis zur vollkommenen Gleichheit beider Bewegungsbilder ist das Verhalten bei der Umformung bisweilen deutlich von der Deformationsgeschwindigkeit abhängig.

Das Gesagte genügt bereits für die Erwartung, unter den Gefügen während der Erstarrung deformierter Gesteine solche aufzufinden, welche uns Relativbewegungen in der Masse in gleicher Weise wie in Tektoniten ablesen und zum Bewegungsbilde des Ganzen vereinigen lassen. Insbesondere werden wir den B-Achsen der B-Tektonite als Faltungs-, Scherungs- und Wirbelachsen auch in Erstarrungsgesteinen begegnen, die Ebene der Deformation und in ihr die Strömungsrichtung (bzw. Gleitgerade) $\perp$ B örtlich feststellen, auf geographische Koordinaten beziehen und damit ein übersichtliches Bild der Strömung vor dem vollständigen Erstarren erhalten können.

Schon diese Betrachtung führt über das bisher z. B. den Fluidalstrukturen der Ergüsse Abgewonnene hinaus; aber man kann weiter gehen.

Bei einer gewissen inneren Reibung der mechanisch umzuformenden Gesamtmasse tritt zur Umformung korrelate, vor allem symmetriegemäße Regelung anisotroper Elemente nach Korngestalt oder Korninnenbau auf. Da während der Erstarrung durchbewegte bzw. strömende Schmelzflüsse gleiche Bewegungsbilder und gleiche innere Reibung durchlaufen wie Tektonite und da wir in Tektoniten Regelung nach Korngestalt und Korninnenbau allenthalben in heute schon vielfach deutbarer Weise dem Bewegungsbilde zugeordnet finden, ist ein Gleiches auch in durchbewegten Schmelzflüssen, mithin unter anderem in manchen Ergüssen zu erwarten. Und besonders gilt dies nach dem bisher Gesagten vom Korrelat der B-Achsen in geregeltem Gefüge: von den Gürteln, welche die Mineralpole auf den Lagenhügel derart besetzen, daß B $\perp$ auf der Medianebene des

Gürtels steht oder anders gesagt ∥ zum schwächstbesetzten Durchmesser der Kugel.

Hat in einem laminar strömenden Tektonit oder Schmelzfluß das Geschwindigkeitsgefälle (gemessen im Lot auf die Schichten) eine gewisse Größe, so werden starre Gebilde, welche in der Strömung schwimmen, so lange rotiert, als die Relativbewegungen ein nichtminimales Drehmoment erzeugen oder als sie von Stromlinien genügenden Geschwindigkeitsunterschiedes getroffen werden; entgegen einer Endlage ohne wirksames Drehmoment.

Es werden sich bei ebenschichtigem Strömen Stäbe so lange bewegen bis sie in der Schichte liegen; bei röhrenförmiger Strömung in der Röhrenachse. Liegen die Stäbe bei ebenschichtiger Strömung in der Schichte und werden sie rotiert um ihre Achse, so erreichen sie ihre stabile Endlage quer zur Strömungsrichtung. Scheiben finden eine Endlage bei ebenschichtiger Strömung in der Schichte. Nennen wir innerhalb der Schichte (a b) die Strömungsrichtung a, das Lot darauf b, das Lot auf (a b) c, und findet eine Verbiegung der Schichten derart statt, daß die Deformation eine „ebene Deformation" mit Deformationsebene (a c) bleibt, so werden die Schichten zylindrische Gebilde mit b als erzeugender Gerader und senkrecht zur Spiegelebene (a c) des Vorgangs. Durch die laminare Strömung eingeregelte Stäbe und Scheiben können hiebei nur Rotationen um b erfahren, die Pole der Lote auf die Scheiben und Stäbe besetzen hiebei ganz oder teilweise einen Gürtel mit der Medianebene (a c), symmetriegemäß dem Vorgange: so in den Wirbeln, Falten, Wickelfalten, kurz allen Vorgängen mit Rotationen um $b = B$ bei laminar strömenden viskosen Flüssigkeiten; und so in den gleichartigen Bewegungsbildern laminar strömender „B-Tektonite", in deren (heterogenen) Wirbeln, Falten bis Wickelfalten durch Biegegleitung mit Achse $b = B$. Es führen also in beiden Fällen sowohl die verschiedenen Einregelungsstadien der Körner in die Schichte als die Verbiegungen der Schichten zu einem Gürtel und damit zur Abbildung der Achse $b = B$ im Diagramm, soferne überhaupt laminare Strömung einschließlich beliebiger Verbiegung der Schichten im Sinne einer „ebenen" oder wenigstens bilateralsymmetrischen Umformung mit Ebene (a c) und Achse $b = B$ vorliegt. Dieses trifft ganz allgemein zu für tektonisches und magmatisches Strömen entlang einer Wand mit Geschwindigkeitsgefälle quer zu derselben und den in beiden Fällen so vielfach analogen Reaktionen des laminaren Strömens auf Unebenheiten des Untergrundes und Inhomogenitäten in der Strömung.

Von solchen Erwägungen ging ich aus, als ich, unterstützt von der N o t g e m e i n s c h a f t d e r D e u t s c h e n W i s s e n s c h a f t, welcher ich hiemit abermals meinen Dank sage, und auf das freundlichste unterstützt von meinen Führern Herrn RÜGER-Heidelberg und Herrn BECKER-Leipzig für diese Fragestellung geeignetes Material entnahm und als ich Frau Dr. FELKEL in meinem Institut die *U*-Tisch-Analyse solcher Gesteine und die Revision der Rosenbusch-Sammlung nach solchen Gesichtspunkten übertrug. Auch Herr Dr. REITHOFER hat ein Diagramm beigetragen.

Wenn nach dem Gesagten zu erwarten ist, daß in vielen Fällen an Erstarrungsgesteinen (ohne Durchbewegung nach der Erstarrung) die Analyse des Strömungsbildes makroskopisch, mikroskopisch und mit dem *U*-Tisch ebenso gelingt wie an anderen Tektoniten, so ist das nicht für alle Erstarrungsgesteine mit Strömung gesagt. Man wird für solche Analysen Gesteine bzw. Bereiche mit Fluidalstrukturen wählen und mit stab- oder scheibenförmigen Kristalliten, möglichst so, daß deren wenigstens 200 im (geographisch orientierten) Dünnschliff zu finden sind. Daß es viele solche Gesteine gibt und daß der *U*-Tisch auch hier weit über das ohne Diagramm zu Vermutende hinausführt, wird in Beispielen gezeigt werden: Die Analyse gelingt auch in Fällen, in welchen ohne *U*-Tisch nichts zu sehen ist. Die häufige Anwendbarkeit der petrotektonischen Analyse darzutun ist der Zweck des Vorliegenden, die systematische Analyse einzelner Vorkommen durchzuführen mag dem Geologen des betreffenden Gebietes überlassen bleiben, sei es nun, daß er sich mit Intrusionstektonik befaßt, für welche verfeinerte Aufnahmen der Strömungsbilder entscheidend sind, sei es, daß er die Herkunft von Ergußdecken auch an kleinen Erosionsresten noch bestimmen will oder die Fließrichtung in Gängen und Lagergängen. Auch die petrotektonische Analyse rezenter Vulkane ist an geeigneten Laven (Vesuv z. B.) möglich und verspricht wertvolle aktualistische Gesichtspunkte für die Betrachtung älterer Laven, ja sogar prophylaktisch dürfte eine eingehendere Kenntnis der Kinematik strömender Laven unter Umständen nützlich sein.

Soweit sich damit Grundsätzliches verdeutlichen läßt, soll nun auf die Literatur kurz Bezug genommen werden. Daß es sich in Tektoniten mit „*s*-Flächen" — was die allgemeinste Definition schichtiger oder laminarer Tektonite ist — um Gleiten in den *s*-Flächen — also in der Sprache der Hydrodynamik um laminare Strömung mit Geschwindigkeitsgefälle quer zu *s* — handelt, habe ich seit 1911 und hat alsbald besonders eindringlich auch W. SCHMIDT betont, lange vor uns schon, wie ich heute weiß, soweit es sich um neuentstandene Scherflächen handelt, G. BECKER. Auch hat G. BECKER schon das laminare Fließgefüge von Ergußgesteinen, Erdrutschen etc. als hergehöriges Scherflächengefüge angesprochen. Ebenso hat BECKER hervorgehoben, daß starre Einschlüsse in geströmten Massen eine Endlage finden, wenn ihre Durchmesser $a > b > c$ mit denen des am selben Orte bei homogener Masse geforderten Strainellipsoides $a' > b' > c'$ übereinfallen; eine Auffassung, welche neben der Beachtung in Scherflächen einregelnder Kornrotationen für uns als Erklärungsprinzip allerdings zurücktrat, wenngleich ja eine andere Bedeutung der Hauptachsen des Strainellipsoids (B-Achse in den B-Tektoniten) gefügeanalytisch erwiesen ist. Einerseits ist also laminare Scherung oder Strömung seit Becker bekannt geworden. Andererseits ist die Einregelung von Körnern in Scherflächen nach Korngestalt oder Korninnenbau gefügeanalytisch dargestellt und erörtert. Es ist also durchaus folgerichtig und richtig, wenn Erdmannsdörfer in seinem Lehrbuch laminare Strömung als einen die Parallelgefüge von Ergußgesteinen ordnenden Faktor anspricht. Zur Frage nun, in welchem Umfang die Übertragung der an Tektoniten gewonnenen Ergebnisse auf geströmte Massengesteine praktisch gefügeanalytisch möglich ist, wird eben in der vorliegenden Arbeit ein Beitrag versucht.

Ein von W. Riedel veröffentlichter Beitrag zur Mechanik des Parallelgefüges in Schmelzmassen (N. J. Beil. Bd. LXII Abt. B 1929) schließt zwar einerseits an Cloos' Arbeiten, nicht aber an den wirklichen eben gekennzeichneten Stand der Fragen und Einsichten an — älteste Schieferungshypothesen und Schieferungsversuche werden als neu und ohne Fühlung mit ihrer Diskussion seit Becker gebracht — andrerseits können solche Beiträge begrüßenswert und ausbaufähig werden. Riedel stellt seine Ableitung einer Regelung von Einsprenglingen nach der Korngestalt aus dem „Gedankenbild einer plastischen Masse" der Ableitung derartiger Regelung aus dem Bilde laminar strömender reibender Flüssigkeit bei Erdmannsdörfer gegenüber (S. 156). Demgegenüber wurde bereits erörtert, daß zwischen beiden Fällen keinerlei für den Regelungsakt in Frage kommender kinematischer Unterschied besteht. Was unter Umständen in beiden Fällen verschieden sein k a n n, ist mit den Kriterien solcher Verschiedenheit auf Seite 14 angeführt. Laminares Strömen mit gleichem Symmetrieverhalten und Anschmiegung gegenüber Unebenheiten tangental bestrichener Wandungen und Böden haben wir in beiden Fällen und können letzteres Verhalten kinematisch für tektonisches Fließen „plastischer Massen" und viskoser Flüssigkeiten auf die Ebenen maximaler Relativbewegung des Strainellipsoids, also auf eine gemeinsame Wurzel zurückführen, wie ich einer ausführlicheren Darstellung vorwegnehme.

Gefügeanalysen haben gezeigt, in welcher Weise Scheiben beliebiger Ausgangslage in laminare Strömung um „Achse B" eine Hauptachse des Strainellipsoids rotiert und bei bestimmten Ausgangslagen eingeregelt werden; sei die Strömung eine affine Umformung oder nicht. Es sind die örtlichen Teilbewegungen in der deformierbaren Masse, welche über die Endlage starrer Einschlüsse — Scheiben und Stäbe sind getrennt zu betrachten — und damit über deren Einregelung entscheiden. Riedels Betrachtung geht nun von der Einheitskugel zum Deformationsellipsoid ezw. zweidimensional vom Kreis zur Ellipse. Sie bezieht sich also unausgesprochenermaßen auf affine (oder homogene) Umformung und ist auf Regelungsphänomene nur anwendbar, wenn auf einen affin deformierten Bereich des Gesteins mehrere der zu regelnden Einschlüsse entfallen. Sie betrachtet also zunächst in dieser Hinsicht einen Sonderfall, von welchem immerhin zu erörtern wäre, daß er ein Sonderfall ist und für welche Stellen einer aufquellenden Schmelzmasse er nach Ansicht Riedels die Teilbewegung repräsentieren soll; doch wohl unter anderem nicht für die ganze in Riedels Versuchen durch den Kanal aufquellende Masse, was sehr unberechtigt wäre. Denn an den Wandungen dieses Kanals, der wieder nur einen sehr engen Sonderfall ohne Diskussion seiner geologischen Wahrscheinlichkeit und der entscheidenden Variablen (z. B. ungleichzeitige Erstarrung und damit inhomogenes Festigkeitsverhalten) darstellt, ist nicht affine Deformation, sondern inhomogene Umformung zu erwarten; wie wir ja ganz allgemein durch Beckers und bei uns durch W. Schmidts Arbeiten über die Verkrümmung von Vorzeichnungen durch nichtaffine Parallelzerscherung und aus den prachtvollen Versuchen der neueren Hydraulik wissen, welch große Rolle laminare Strömung mit nichtlinearem Geschwindigkeitsgefälle quer zur Schichtung in viskosen Flüssigkeiten ganz ebenso wie in Gesteinen spielt. Die wandparallele Einregelung der Einsprenglinge in Riedels Versuchskanal erfolgt nicht nach dem Schema S. 158, sondern in laminarer Strömung nach der für Tektonite gefügeanalytisch untersuchten und dargestellten Art.

Der Übergang Kugel—Ellipsoid kann mit ganz verschiedenen und verschiedene Regelung erzeugenden Teilbewegungen (als Schiebung, als Scherung) erfolgen. Riedels Schema S. 158 zur Ableitung der Regelung ist hierin nicht definiert, scheint aber den beim Platznehmen aufquellender Massen wie überhaupt in Tektoniten seltenen Fall der Schiebung mit gleichstarker Relativbewegung in beiden Kreisschnitten des Strainellipsoids darzustellen. Der so häufigen Scherung mit vorwiegender Relativbewegung in e i n e m Kreisschnitt S (Ebene maximalen Tangentialstrains) würde nicht vertikale, sondern schiefe Pressung der S. 158 gezeichneten Kugel entsprechen und Endlagen der Scheiben in *S* nicht in einem Ellipsoidhauptschnitt. Ungeregelte Ausgangslagerung einzuregelnder Scheiben, für deren Einregelung nach S. 160 doch das Schema gelten soll, ist in der zweidimensionalen Darstellung S. 158 weder veranschaulicht, noch mithin daraus abzuleiten. Das sind einige der für unsere Fragestellung grundsätzlich interessierenden Unvollkommenheiten von RIEDELS Versuch, der sich durch Fühlung mit bisherigen Einsichten in die Umformung stetig deformierter Gesteinsbereiche, mit Ergebnissen und Anwendungen moderner Gefügeanalyse zu einem Fortschritt ausgestalten läßt.

H. PHILIPP hat in einem Beitrage zur Kenntnis der Bewegungsvorgänge in hochviskosen geologischen Flüssigkeiten (Centralbl. f. Min. 1921 S. 679) die Laminarbewegung von Gletschern, Schlammströmen, Muren und Ergußgesteinen nebeneinandergestellt. Das ist nicht nur ganz im Sinne der vorliegenden und früheren Arbeiten über Tektonite, sondern es ist gedanklich sehr wichtig, abermals zu betonen, daß es sich hiebei lediglich um Sonderfälle viel allgemeinerer Erkenntnisse handelt, nämlich um Sonderfälle der seit G. BECKER in ihrer Bedeutung für die Umformung geologischer Körper (auch aber keineswegs nur in der Tektonik) erkannten und dargestellten Bewegung in Gleitflächen.

Eben darauf, daß diese Bewegung in *s* sich von laminarer Strömung nicht unterscheidet und insofern eine Abtrennung solcher Sonderfälle auf Kosten des eigentlichen Verständnisses geht, wird hier Nachdruck gelegt. Schon G. BECKER hat erkannt, daß zwischen laminaren Gleitflächen eines Magmas und eines Tektonits kein Unterschied besteht; und er hat die allgemeine Bedeutung dieses Bewegungsbildes für tektonische Umformung (noch nicht aber für die Gefügeregelung) erkannt, wenn auch nicht die Bedeutung eines einmal mechanisch vorgezeichneten *s* für darauf folgende Gleitung und Biegegleitung. Auch die Laminarbewegung von Böden, Schlamm usw. hat G. BECKER schon eingehend behandelt.

Es wären also auch PHILIPPS verdienstvolle Beiträge ebenso wie RIEDELS in viel allgemeinere, in der Lehre von den Tektoniten in Amerika und bei uns schon erreichte Einsichten einzuordnen und darstellend an dieselben anzuschließen. Denn es ist z. B. nicht gleichgültig, ob man sagt, daß die nach meiner Auffassung ganz einfach ebensogut wie so viele andere „Falten" gefalteten Lagenobsidiane von Lipari nur „ein Bild wilder Faltung vortäuschen" oder ob man diesen Faltentypus als einen Tektoniten und Magmen gemeinsamen beachtet (s. S. 12—14); denn man erkennt dabei, für welche Gesetzmäßigkeiten der Umformung der geologische Name des Materials belanglos ist. Der Begriff der Laminarbewegung (vgl. S. 687) ist nicht an eine bestimmte Mindestmächtigkeit der laminae gebunden und nicht mit einer Abscherung von bestimmter Scherflächendistanz identisch; auch nicht etwa gebunden an Konstanz oder Änderung des Geschwindigkeitsgefälles senkrecht zu den einander übergleitenden Schichten beliebiger Mächtigkeit. Ebenso wie die Gletscherstudien dieses

Autors wären seine Studien an Ergußgesteinen durch Gefügeanalysen über ihre bisherigen mit der allgemeinen Umformungslehre der Gesteine meist erfreulich übereinstimmenden Ergebnisse hinaus entscheidend zu fördern.

Deutsche Quarzporphyre (B. Sander).

Die bekannten ausgezeichneten Fluidalgefüge der folgenden Quarzporphyre machen sie im Gegensatz etwa zu den Südtiroler Quarzporphyren einer Untersuchung des Strömungsbildes an orientierten Präparaten schon ohne *U*-Tisch zugänglich. Da die Entglasung nach der Durchbewegung erfolgt, sphärulitisch, sodann gelegentlich noch durch weitere Kristallisation, ist ein Teil der beobachtbaren geregelten Gefüge reine wandständige Wachstumsregelung und als solche für unsere Analyse nicht weiter von Interesse; ein anderer Teil gehört zu den mechanisch „geregelten Fluidalstrukturen in Myloniten und Erstarrungsgesteinen", welche ich schon 1915 nebeneinanderstellte auch für Feldspat. Solange die fluidale Gleichrichtung kleinster Kristallite in der Glasmasse schon in ihrem Effekt optisch einheitliche Gebilde zu liefern bekannt ist, so wenig gelingt es noch heute, durch eine Analyse dieser Gebilde, die wie so viele andere Regelungen formanisotroper Teilchen in Strömungen unter das allgemeine Regelungsgesetz (Tsch. Min. Mitt. 1915) fallen, mehr zu erfahren, als die Tatsache laminarer Strömung, welche in unseren Fällen bekanntermaßen auch schon ohne weiteres aus den Schlieren des Ausgangsmaterials durch alle spätere Kristallisation hindurch abzulesen ist. Mithin ist mit einer S. 17 beschriebenen Ausnahme eine genauere Untersuchung der geregelten Gefüge in diesen Gesteinen nur in anderen Zusammenhängen von Interesse. Die Beschreibung der Gesteine ist, soweit sie nicht unser Thema betrifft, aus Rosenbusch und aus der regionalgeologischen Literatur zu entnehmen. Die Schichten der laminaren Strömung sind wie bei anderen Tektoniten mit *s* bezeichnet. Die Präparation erfolgte in orientierten (polierten) Anschliffen und Dünnschliffen.

I. Beispiele mit unvergrößert schon sichtbaren *B*-Achsen demnach leicht bestimmbarer und einmeßbarer Symmetrieebene $(a\ c)$ der Deformation: $(a\ c) \perp B$. Die Strömungsrichtung ist senkrecht auf *B*. Die *s*-Flächen laminarer Strömung $(s = (a\ b))$ sind sichtbar. In der Schnittgeraden *a* zwischen $(a\ c)$ und $(a\ b)$ liegen die Bahnen der Teilchen, die Stromfäden, „die Gleitgeraden", wie wir bei laminaren Tektoniten sagen. Der Richtungssinn der Relativbewegung innerhalb *a* ist unselten aus Wickelfalten um rotierte Einschlüsse u. dgl. abzulesen.

1. Groß-Umstadt, coll. Vogel; von Herrn Professor KLEMM mir freundlichst überlassenes Stück.

Das ganze zu untersuchende Gebilde zeigt die Außengestalt eines Stückes einer gerieften Säule mit größeren (nach Zentimetern) und kleineren (nach Millimetern) Längsriefen; eine Form, wie sie etwa durch Auspressen eines Teiges aus einer Öffnung mit unruhig gelapptem und rauhem Rande äußerlich nachzuahmen wäre. Heiße die Längsachse dieser Form *b*, die Normale darauf *a*, die Normale auf (*a b*) *c* und ist mithin (*a c*) die Symmetrieebene, so kann eine solche Gestalt entweder durch „ebene" oder wenigstens bilateral symmetrische (monokline) Umformung mit Umformungsebene (*a c*) und Strömungsrichtung in (*a c*) also ⊥ *b* entstehen, oder aber als Stromfadenbündel einer Strömung ∥ *b*. Das sind ja die beiden äußerlich unter Umständen so ähnlichen, kinematisch und dynamisch als Teilbewegung so verschiedenartigen Fälle, deren Unterscheidung uns seit W. SCHMIDTS Hinweis immer wieder — so z. B. bei Sichtung alles dessen, was als Harnisch angesprochen wird — als wichtige Aufgabe begegnet und auch in unserem Falle zunächst versucht werden muß.

Der Querschliff (*a c*) ist von quergeschnittenen offenen (faltenförmigen) und geschlossenen (röhrenförmigen) Zylinderformen aus *s* in jedem Ausmaße bedeckt, zeigt mithin das Bild eines quergeschnittenen *B*-Tektonits. Normal zu $b = B$ auftretende Haarrisse, wie sie ⊥ *B* als „Gürtelklüfte" in *B*-Tektoniten so häufig sind, verstärken diesen Eindruck. Quergeschnitten erweisen sich diese Haarrisse als jünger als die Entglasung, mithin nicht unmittelbar auf den noch vor der Entglasung liegenden Umformungsakt beziehbar.

S wird heute, nach der Entglasung, von einem Wechsel unauflösbar feiner mikrofelsitischer und etwas gröberer körniger Masse gebildet, welche beide ineinander allmählich übergehen. Der so vielfach gewundenen Grenze der beiden in für die Betrachtung mit Gips nicht merklich geregelten Massen folgt in allen Windungen und in beiderlei Massen eine ausgezeichnete tangentiale mechanische Einregelung von *a*' ∥ *s* durch winzige Feldspate, in den Bögen mit entsprechend wandernder undulöser Auslöschung des Aggregates. Die wechselnden Lagen greifen bisweilen mit ganz ausgespitzten Konturen (auf Schliff (*a c*)) ineinander. Dieser Umstand und das Fehlen nachkristalliner Korn-Deformation bezeugt, daß die mit dem Hammer wiederholt bloßlegbaren *s*-Flächen nicht durch Bewegung ∥ *b* geriefte Harnische sind, denen sie sehr gleichen, sondern durch Bewegung ⊥ *b* gefältelte Strömungsschichten.

Schliff (*b c*) zeigt die auf (*a c*) beschriebenen Verbiegungen von *s* ebenfalls, aber in weit geringerem Grade, so daß sie auch beim Zerschlagen der Stücke auf ($b\ c$) nicht formgebend zur Geltung kommen. $a' \parallel s$ aber zeigt dieser Schliff ebenso vollkommen.

Wir begegnen damit eines der vielen Beispiele von s-Flächen mit Regelung und mit Rotationen von verschiedener, in der Mehrzahl jedoch $\parallel B$ gerichteter Achsenlage.

2. Odenwald, Porphyrbruch von Weinheim.

Mit dem Hammer bloßlegbare, bisweilen wie in Fall 1 Harnischen ähnliche s-Flächen ($a\ b$) zeigen $b = B$ als lineare Zeichnung. Schliffe und schon Bruchflächen $\perp s$ und $\perp b$ zeigen s in lebhafte Kräuselfalten mit der Achse $\parallel b$ gelegt, während diese Fältelung in Ebene ($b\ c$) zurücktritt oder unsichtbar wird. Die Orientierung des örtlichen Strömungsbildes ist durch s und B im Sinne des eingangs Gesagten oft schon ohne Mikroskop möglich.

Unter dem Mikroskop ist das laminare Fließgefüge s durch lagenweise Anordnung nachtektonisch entstandener, weil unversehrter radialstrahliger Sphärulite bezeichnet; ferner durch opazitische Einlagen, welche unverlegt durch Sphärulite und Einkristalle ziehen und so ebenfalls die vorkristalline Durchbewegung erweisen. Ausgezeichnete Abbildungskristallisation folgt dem s der Strömung teilweise auch in Gestalt von Rasen kleiner $\perp s$ gestellter Kristallite mit Wachstumsregelung ($a' \perp s$).

Die Sphärulite sind nur zum Teil solche radialstrahlige Aggregate, deren Radien Einzelkristalle sind. Man findet daneben vielfach den ganzen Sphärulit oder größere Teile desselben bei erhaltener strahliger Form durch einen Einkristall pseudomorph ersetzt; bei ihrer Verbreitung vermutlich eine bekannte Tatsache. Da hiebei die Radialstrahlen als Gestalt meist erhalten sind, so ist auch aus diesen Pseudomorphosen der vorkristalline Charakter des laminaren Fließens erschließbar. Und da radialstrahlige Aggregate dem Vorgange der Entglasung entsprechen, ergibt sich, daß die laminare Strömung in glasiger Schmelze stattfand, welche genügend schlierig für eine lagenweise verschiedenartige Entglasung gebaut war. Mithin sind in glasigem Schmelzfluß oder in einer noch früheren Phase die laminaren Flächen angelegt und mit als B-Gefüge deformiert, welche nach Entglasung und weiterer Kristallisation geriefte Harnische vortäuschen. Ältere Einsprenglinge waren in der Grundmasse bei deren Strömen schon vorhanden. Die Durchbewegung ist durch Abbildungs-Kristallisation und interne Reliktstrukturen (*si*) ablesbar erhalten.

Was nun die Fältelung der laminaren Schlieren dieses ehemaligen Glases anlangt, so bietet sie ein Bild, das ganz unabhängig von mikroskopischen oder tektonischen Ausmaßen die Grundzüge des Baues aus tektonisch geordneten Schlierenschlingen in einem Schmelzfluß erkennen läßt:

1. Die Schlingen oder Falten sind nicht durch ein oder mehrere einheitliche Systeme ebenschichtigen Strömens bzw. Gleitens aus *s* erzeugbar, mithin keine Gleitbrettfalten in diesem Sinne (Fig. 19 am Schluß).

2. Die Amplituden der Schlingen sind von der Mächtigkeit der verbogenen homogenen Einzellage unabhängig. Es fehlt die Regel der Stauchfaltengröße, welche für gefaltete Systeme aus Lagen verschiedenen Deformationswiderstandes kennzeichnend ist. Die Verbiegung der Schlieren hat also im festigkeitshomogenen Zustande des Systems stattgefunden; derart, daß die Schlieren mechanisch belanglose Vorzeichnungen darstellten, welche durch gerade- und krummbahnige Strömungen verzerrt bzw. verbogen wurden.

3. Die Verbiegung des durch laminare Strömung entstandenen *s* ergibt annähernd geschlossene Wirbelbilder (rein kinematisch verstanden) nur dort, wo in Gestalt mechanisch ganz heterogener starrer Einsprenglinge rotierbare Inhomogenitäten vorlagen.

4. Sonst allenthalben bildet *s* Schlingen, welche kinematisch im Grundsätzlichen nicht von dem häufigsten Bewegungsbilde tektonischer Falten abweichen. Dieses Grundsätzliche ist „ebene“ oder bilateral symmetrische Umformung („ebene Deformation“ der Kinematik).

Innerhalb dieser sind zwei Fälle zu unterscheiden:

a) Die Einzeldeformationen des Gesamtaktes sind laminarströmende Bewegungen mit ebenen Blättern *s*, die sich alle in der Geraden *B* schneiden. *B* $\perp$ auf der Ebene der Deformation ist Rotationsachse des Gebildes gegenüber schiefer Pressung.

Ist dann nur eine einzige Ebenenschar *s* vorhanden, so liegt der von Becker und Schmidt in den Vordergrund gestellte Sonderfall einschariger Zergleitung oder Zerscherung vor. Diesem kommt weite Verbreitung zu, aber er ist nicht der einzige Fall von tektonischer Bedeutung. Sondern:

b) Die Schichten *s* des laminaren Strömens (tektonisch als Zerscherung, Gesteinstranslation usf. bezeichnet) werden nicht durch eine andere Ebenenschar *s'* aus der Zone der *B*-Achse gekrümmt („sekundär umgeschert“), sondern unter Gleitung in *s* selbst (Biegegleitung), wie ich das 1911 an Phylloniten beschrieb.

Im vorliegenden Falle nun ist die Umformung vorwiegend eine ebene bzw. eine in bezug auf die „Ebene der Deformation“ als Spiegelebene bilateral symmetrische, mit Verkrümmung der Blätter, wobei Biegegleitung keine Rolle spielt, da das Material nicht geeignet war, während der laminaren Strömung *s*-Flächen als Flächen geringster Schubfestigkeit auszubilden.

Ganz allgemein gilt: Einerseits sind verkrümmte faltenförmige Schlieren und „tektonische" Falten kinematisch beide als ebene bzw. bilateral symmetrische (oder „monokline") Umformungen zu betrachten und also hierin nicht verschieden; ein bezeichnender, magmatischem und „tektonischem" Strömen gemeinsamer kinematischer Grundzug. Andererseits besteht ein wichtiger oft begegneter Unterschied magmatischen und tektonischen Strömens — einer der wenigen, welche fallweise die so oft irreführende Trennung magmatischer und „tektonischer" Bewegungsbilder rechtfertigen — darin, daß Biegegleitung nur in Material mit der Fähigkeit, *s*-Flächen geringster Schubfestigkeit auszubilden, vorkommen kann, mithin nur in manchen Tektoniten. Für diese ist Biegegleitung gegenüber den fluidalen faltenförmigen Schlierenverbiegungen (ohne Biegegleitung) bezeichnend. Letztere kommen aber nicht nur in Magmen, sondern kinematisch und dynamisch ununterscheidbar in Tektoniten genügender Rindentiefe, welche gar nie schmelzflüssig waren, vor. Und ebenso, wie es verfehlt wäre, in den Tiefen plutonischer Metamorphose noch regionale und Kontaktmetamorphose trennen zu wollen, so wäre es verfehlt, gleichartige Bewegungsbilder viskoser Schmelzen und nichtmagmatischer Tektonite großer Tiefen verschieden zu benennen: beide zeigen unter Umständen *B*-Achsen, aber Faltenformen ohne Biegegleitung — welche das häufigste Zeichen der Anisotropie des Materials bei der Umformung ist — und die Amplitüde der Falten unabhängig von Knickfestigkeit, also keine „Regel der Stauchfaltengröße", welche ein häufiges Zeichen für Inhomogenität und Starrheit eines Materials während der Umformung ist.

In Schliffen $\perp s \parallel B$ unseres Gesteines ist es deutlich, daß keine streng zweidimensionale „ebene Deformation" ($\perp B$) vorliegt, sondern eine Querdehnung $\parallel B$, also normal zur Ebene der Deformation ebenfalls stattgefunden hat. Betrachten wir unsere bereits eingeführten Richtungen *a b c* des Gebildes wie kristallographische Achsenrichtungen und führen für die Flächen des bewegten Gebildes die kristallographisch üblichen Flächenbezeichnungen ein — was für alle Betrachtungen von Tektoniten große Vorteile hat —, so sind z. B. die Flächenebenen laminaren Strömens (0 0 1), bei Wickelung um *b* (*h* 0 *l*); ebenso sind die *s*-Flächen der *B*-Tektonite (*h* 0 *l*). Hier im Erstarrungsgestein begegnen uns nun, wie dies für Tektonite geradezu typisch, aber kaum beachtet ist, nicht nur die (*h* 0 *l*)-Flächen der *B*-Achsenzone, sondern auch (0 *h l*). Die Querdehnung $\parallel B$ ist ganz so wie in Tektoniten von Abscherung einzelner Lagen nach (0 *k l*) in unserem Fall unter 45° zu *s* begleitet, wie das

z. B. an Granulitquarzen unselten ist. Auch (010), also Klüftung ⊥ *B* tritt auf; ebenfalls wie wir das von *B*-Tektoniten kennen. Von besonderem Interesse in bezug auf die noch immer nur fallweise zu erörternde Frage nach dem genetischen Verhältnisse der Querklüfte zur *B*-Durchbewegung ist es nun, daß im vorliegenden Falle die Entglasung mit Abbildungskristallisation zeitlich zwischen die vorkristalline Durchbewegung, Strömung, und die Bildung der Querklüfte fällt. Es gibt also Fälle wie den vorliegenden, in welchem nachweislich die Querklüfte, obwohl räumlich dem Lot *B* zugeordnet, nicht zugleich mit *B* dem Gestein aufgeprägt werden. Sie treten bei späteren Gelegenheiten, abhängig von der früher aufgeprägten *B*-Anisotropie des Gesteins zutage. Das ist auch für viele *B*-Klüfte in Tektoniten zu vermuten (vgl. Fennia 50), aber im vorliegenden Falle schmelzflüssiger *B*-Tektonite durch die Entglasung zu erweisen. Ferner ist der vorliegende Fall von allgemeinem Interesse, weil er zeigt, daß sich die Beziehbarkeit der Querklüfte auf *B* trotz einer Abbildungskristallisation erhält, welche (Sphärulite, pseudomorphe Sphärulite, Kristallrasen ⊥ *s*) nicht auf mechanisch geregelte Körner rückführbar ist, ja soviel ich sehe, nichts enthält als eine Wachstumsregelung wandständig auf *s*.

Aus dem Angeführten an den von mir entnommenen Handstücken Feststellbaren ergeben sich für eine Untersuchung des Weinheimer Quarzporphyres folgende weitere Möglichkeiten:

Feststellung des vorkristallinen Strömungsbildes durch orientierte Präparate mit *B*-Achse.

Analyse der entglasenden Abbildungskristallisation, Trennung der auf *B* senkrechten Querklüfte aus der Masse jener, welche nach Ilse Voelker ohne Beziehung zum Fluidalgefüge sind.

Allgemeine Untersuchung der Frage, wie sich die (nach Blaas) auf der Lagenkugel verzeichneten und (nach Schmidt) statistisch ausgezählten Klüfte zum Strömungsbilde verhalten, welches am besten durch Verzeichnung der *B*-Achsen auf der Lagenkugel dargestellt wird.

II. Beispiel mit ausgezeichneter laminarer Strömung wie in I, aber gekreuzten Riefungen auf *s*.

Quarzporphyr von Tobolz bei Meißen.

Ebenfalls ein nach laminarer Strömung radialstrahlig sphärulitisch entglaster Quarzporphyr mit ausgezeichneter Abbildungskristallisation wandständig $\alpha' \perp s$.

Andrerseits fand die laminare Strömung schon Feldspatblättchen und regelte sie nach der Korngestalt $= s$, wobei α' parallel den Blättchen und damit parallel zu *s* liegt.

Wie die Abbildungen nach diesem und einem Porphyr von Kahlebusch zeigen, lassen einfache und doppelte Sichelfalten mit inhomogenem Kern, inhomogene Wirbel aus Falten der laminaren Strömung auch den Sinn der Relativbewegung gelegentlich ablesen (Fig. 18 am Schluß).

Die Bestimmung der B-Achse im Handstück stößt jedoch in anderen Fällen auf ähnliche Schwierigkeiten wie in manchen Tektoniten mit auf s gekreuzten B-Achsen.

Es ist in solchen Fällen vor allem zu entscheiden, ob die Riefungen r_1 und r_2, welche hier senkrecht aufeinander stehen, zwei gekreuzten B-Achsen und damit einem Wechsel in der Strömungsrichtung entsprechen; oder aber einem einzigen Strömungsakte derart, daß r_1 eine B-Achse ist und r_2 zugehörige ylindrische Stromfäden darstellt.

In manchen Fällen läßt sich erkennen, daß ja (unter der Annahme $r_1 = B$) r_1 eine nichtpolare, r_2 als Stromfaden mit Inhomogenitäten eine polare Gerade ist, ein Verfahren, wie es beim Abtasten von Harnischen mit der Fingerbeere geübt wird.

In einem vorliegenden Falle erwiesen sich r_1 und r_2 als nicht unterscheidbar. Da nun aber, wie ich mich im Steinbruche überzeugen konnte, die beiden Riefungen r_1 und r_2 über große Bereiche hin gerade 90^0 miteinander bilden, ist nur eine Auffassung zulässig, in welcher das nicht als Zufall erscheint; also nicht die Auffassung, daß r_1 und r_2 B-Achsen zweier verschiedener voneinander unabhängiger Beanspruchungsphasen seien. Wenn ich einer ausführlicheren Betrachtung der Querdehnung von Tektoniten, insbesondere von B-Tektoniten vorgreife, so ergibt sich in der früher eingeführten Ausdrucksweise folgendes. Sehr viele B-Tektonite sind zwar bilateral symmetrisch deformiert wie alle typischen Tangentialtransporte längs einer Wand, deren Lot ein wirksamer Vektor ist[1]), aber nicht streng ebene (zweidimensionale) Deformationen im Sinne der Kinematik. Vielmehr ist eine Querdehnung in $b = B$ durch Kornrotationen um b und $(0\,k\,l)$-Scherflächen ungemein verbreitet und dem häufigsten Kräfte- und Bewegungsplane irdischer Tangentialtransporte symmetriegemäß, ob diese nun horizontal oder unter schiefer Pressung gegen ein vertikales Ufer als tangierte Wand verlaufen.

Der Hinweis darauf, daß diese Dehnung in b und eine ihr entsprechende Gefügeachse $B' \perp b$ in denselben Umformungsakt wie $B = b$

[1]) Es ist eine Aufgabe der Biologie, an bewegten, feststehenden und umströmten Lebewesen zu prüfen, ob nicht die bilaterale Symmetrie tangentialbewegter lebender Massen ebenso eine Abbildung der bei solcher Bewegung auftretenden Vektorensymmetrie bedeutet wie in tangential strömenden Luft-, Wasser- und geologischen Massen, wovon ich überzeugt bin, aber keine biologische Behandlung kenne.

gehört, liegt eben darin, daß B' die Symmetrie des B-Tektonits nicht stört und dem B erzeugenden Akte selbst symmetriegemäß ist.

In einem der Beispiele ließ sich auf dem laminaren *s* eine sehr deutliche B-Achse als Riefung erkennen und Gürtelklüfte $\perp B$. Lagenweise auftretende Quarzkörner oblong in *s* und von unregelmäßiger Begrenzung meist ohne, bisweilen mit gegenseitiger Berührung bilden im letzteren Falle ein Gefüge, wie man es auch in anderen Gesteinen, z. B. kristallinen Schiefern begegnet. Die Herrn Dr. REITHOFER übertragene Gefügeanalyse dieser Quarze ergab (s. Diagr. 17) einen ausgesprochenen Gürtel $\perp B$, wie er für andere B-Tektonite bezeichnend und beschrieben ist; mithin besteht die B-Achse auch gefügeanalytisch: Der laminar fließende Quarzporphyr ist ein so typischer B-Tektonit, wie wir ihn nur auf Grund unserer allgemeinen Überlegungen erwarten können. Die Einregelung betraf vermutlich Erstarrungsquarze erster Generation, welche in den laminaren Scherflächen rupturell mechanisch verteilt und passiv geregelt wurden, auch Rekristallisationserscheinungen zeigen. Die Frage, ob Regelung nach Korngestalt oder Kornfeinbau vorliegt, bedarf weiteren Materials, doch ist letzteres anzunehmen.

III. Gutes Laminargefüge ohne ausgezeichnete Richtung in *s*.

Quarzporphyr von Döbritz b. Meißen, Härtel coll.

Wie frühere, so zeigt dieses Beispiel die Einregelung von Feldspatblättchen mit α' in der Längsachse (also entsprechend jedem Feldspatblättchen (010) nicht basischer als Oligoklas-Andesin) nach der Korngestalt während der Strömung: $\alpha' \parallel s$, jeder Verbiegung von *s* folgend. Wir begegnen als deutlicher Regel nach der Korngestalt derselben Regel, welche im Beispiele Groß Umstadt (I 1) an isometrischen Feldspatkörnern vorlag, mithin auch in jenem Falle auf nach der Gestalt geregelte Keime zurückgehen dürfte.

Auch genauere Untersuchung ließ die Ebene der Deformation bzw. B nicht sicher bestimmen; einzelne Wirbel, deren Achse nicht einmeßbar ist, könnten keineswegs eine solche Bestimmung begründen.

IV. Als ein Beispiel folgerichtigen und analysierbaren Strömungsgefüges dient ein orientiertes Handstück, welches ich dem Quarzporphyr Kahlebusch bei Dohna entnahm.

Die Orientierung der drei aufeinander senkrechten Schliffe in der Natur ist folgende:

1. Horizontal parallel der etwas aufgewölbten Horizontalbankung,
2. vertikal parallel dem vertikalen *s* des ausfließenden Magmas,
3. vertikal und senkrecht sowohl auf 1 als auf 2.

Voraussichtlich wird die besonders aussichtsreiche petrotektonische Untersuchung dieser Quarzporphyrnarbe ergeben, daß die steile laminare Strömung ($s = 2$) konzentrisch ein Ausfließzentrum umgibt, schematisierbar als zylindrische (Kegel?) Schar. In die Radialflächen dieses Zylinders würde Schliff 3 fallen, auf welchem das quer geschnittene *B* besonders schön sichtbar ist. Quer zur Zylinderachse läge 1. 2 ist als Fläche laminarer Strömung von den Kontraktionsrissen 3 und der ebenfalls sekundären Bankung 1 genetisch ganz verschieden.

Dieser Eindruck im Felde ließe im Schliff folgendes erwarten:

In Schliff 2 kein laminares *s*; in 3 laminares *s* möglicherweise mit sichtbarer Relativbewegung (Verschiebung der peripheren *s* gegenüber den zentralen der Narbe); in Schliff 1 gute Sichtbarkeit des laminaren *s*, nicht aber seiner Relativbewegung. Im Sinne des Ausfließens hätte die Kräuselungsachse *B* auf *s* horizontal zu liegen, mithin auf Schliff 3 lebhaftere Kräuselung von *s* zu erscheinen als auf Schliff 1.

Alles dieses nun bestätigen die Schliffe und darüber hinaus noch den aus inhomogenen Wirbeln gut ablesbaren Sinn der Relativverschiebung auf 3, nämlich die Annahme, daß sich die stielnäheren zentralen laminae gegenüber den stielferneren mit größerer Geschwindigkeit aufwärts verschoben, anhaltendem Nachfließen entsprechend.

Es ist also in diesem, dem schönsten mir begegneten Falle, durch zahlreiche Probenahmen möglich, das Bild laminarer Strömung eines an Einsprenglingen bereits reichen Glases zu entwerfen und den Kluftsystemen gegenüberzustellen. Ja schon aus einem einzigen orientierten Handstück und drei Schliffen ergibt sich das Wesentlichste für das Verhältnis der Klüfte zum Strömungsbild und damit für die petrographisch-tektonische Analyse des Ergusses.

Laminare Strömungsflächen und *B*-Achsen sind uns, wie in Tektoniten, so in den Gesteinen mit deutlichem und bekanntem Fluidalgefüge als wichtigste Anhaltspunkte der tektonischen bzw. magmatektonischen Analyse begegnet. Wie aus den eingangs erörterten Gründen zu erwarten, werden wir diese Raumdaten nun auch in Erstarrungsgesteinen ohne so leicht ersichtliches Fluidalgefüge gefügeanalytisch feststellen und zu gleichen Schlußfolgerungen verwenden. Gerade daß sich Erstarrungsgesteine bzw. Magmatektonite von anderen Tektoniten in diesem wichtigen Punkt nicht unterscheiden und mit denselben gefügeanalytischen Mitteln behandeln lassen, ist zu betonen. Es enthebt dieser Umstand den Tektoniker für seine Aufgabe der Frage, ob ein Gestein, das beispielsweise der eine Granit, der andere Gneis nennt, „primär“ oder „sekundär“ deformiert sei. Den Magmentektoniker aber enthebt dieser Umstand der Mühe, in solchen Fällen besondere magmatektonische „Methoden“ erst aufzufinden.

Wie alle anderen Wandlungen der Gesteine in größeren Tiefen gegeneinander konvergieren, so auch alle Wandlungen im Verlaufe mechanischer Umformung; alles das deckt sich in einem Typus hinlänglicher Tiefe. Steigen wir aber aufwärts, so treten zwar gut gegeneinander charakterisierbare Bewegungsbilder des Magmas und des sog. Festen durch Intrusionen unmittelbar nebeneinander. Aber beide behalten auch dann noch mehr Gemeinsames, als man beachtete. Diese überaus wichtige Gemeinsamkeit soll nun noch durch Beispiele belegt werden, wo sie nur gefügeanalytisch erkennbar ist.

Daß sich Wiederaufschmelzungsgebiete als Schmelztektonite verhalten können, ist nunmehr klar. Darauf, daß sie es wirklich tun, habe ich an finnischen Beispielen 1913 hingewiesen.

Gefügeanalytische Beispiele.

(E. Felkel.)

Von den betreffenden Massengesteinen der Rosenbusch-Sammlung (Krantz) sind im folgenden je 2 bzw. 3 Beispiele von Tiefen-, Gang- und Ergußgesteinen (der Rosenbusch-Einteilung) gefügeanalytisch behandelt. Eine der untersuchten Gesteinsproben (Syenit Plauen) wurde von Prof. Sander an Ort und Stelle für solche Zwecke gewählt und entnommen. Die Beschreibung konnte sich gemäß der Fragestellung und angesichts der vielfachen bekannten Bearbeitungen dieser Gesteine auf die Gefügeanalyse und für dieselbe interessierende Angaben beschränken.

Es sind zuerst die Gefügebilder der behandelten Gesteine kurz betrachtet und dabei im besondern angeführt: Von den näher untersuchten Mineralien die wesentlichen Daten, auf die sich die Vermessung bezieht und Angaben über die Tracht bzw. die Form der Schnitte in verschiedenen Schliffen. Weiter sind die wesentlichen Züge der Diagramme zusammengestellt und ist die eventuelle Gefügetracht abgeleitet. Eine zusammenfassende Auswertung der Diagramme folgt am Schluß.

Bei der Messung der Feldspate und der in den behandelten Fällen durchwegs einachsigen Glimmer (Biolit, Anomit) traten keine prinzipiellen Schwierigkeiten auf. Etwas zeitraubend sind bei den Zweiachsigen (Feldspat, Augit) die Schnitte, in denen eine optische Achse nahezu senkrecht zur Schliffebene aussticht (vgl. auch Schmidt, Zur Regelung zweiachsiger Mineralien in kristallinen Schiefern, N. J., B. B. LVII, S. 205). Diese Lage der Achse verrät sich im allgemeinen sofort dadurch, daß aus der durch Drehung um A_1 erreichten Dunkelstellung bei keiner Neigung um A_2 bleibende Dunkelstellung (und damit die Achsenebene) zu erreichen ist, und dadurch, daß die Aufhellung bei Drehung um A_4 nach oben und unten hin unsymmetrisch ist. Man sucht in solchen Fällen am besten zuerst eine andere Symmetrieebene auf und bestimmt aus dieser und einem andern Datum (Spaltfläche, Verwachsungsebene von Zwillingen) die Lage der Achsenebene im voraus, ohne natürlich auf die Ausführung der Einstellung zu verzichten, schon um die Achse selbst zu erreichen.

Beim Augit (wohl überhaupt bei Mineralien mit kleinerem Achsenwinkel und starken Interferenzfarben) ist ein unangenehmer Fall, der die verhältnismäßig größten Messungsfehler mit sich bringen kann, dann gegeben, wenn β in die Nähe der Schliffnormalen fällt. Dann bleibt auch bei den größten noch ausführbaren Drehungen um A_4 senkrecht zur Ebene β-stumpfe Bisektrix Dunkelstellung bei einem so großen Bereich von A_2 Stellungen erhalten, daß die genauere Feststellung der optischen Symmetrieachsen einen Fehler von 15—20^0 (der Polhöhen) erreichen kann. (Die Skiodromen krümmen sich erst merklich bei Drehungen, die man praktisch nicht mehr erreichen kann.) In den vorliegenden Messungen von Augit betrifft dies aber nur 5 Körner von 87.

Achsenwinkel und andere charakteristische Abstände von vermessenen Daten sind mit den Differenzen angeführt, die sich zwischen den Messungen (desselben Minerals am selben Schliff) ergeben hatten. Ob die Unterschiede auf solchen im Chemismus beruhen oder Messungsfehler sind, habe ich nicht durch andere Methoden entschieden, weil es für die Zwecke der vorliegenden Untersuchung unwichtig war.

Syenit, Plauenscher Grund, Sachsen.

Eingemessen wurden die Feldspate, weitaus der Hauptbestandteil des Gefüges, und Quarz. Ortho- und Plagioklas stehen im Mengenverhältnis etwa 1 : 3 und sind optisch nur dann rasch zu unterscheiden, wenn der Achsenwinkel meßbar ist. Denn es handelt sich um einen Oligoklas, dessen optische Orientierung gegenüber der kristallographischen den Verhältnissen beim Orthoklas auffallend nahe kommt, besonders in bezug auf das für die Regelung wichtigste Datum (010): beim Orthoklas ist der Winkel M: $\gamma = O$, beim vorliegenden Oligoklas um 5^0, also fast innerhalb der Fehlergrenze.

2 V des Oligoklas = 84^0 negativ. Undulation in Ebene ($\gamma\beta$) nicht selten.

In zwei von drei aufeinander senkrechten Schliffen überwiegen sehr langgestreckte, schlanke Formen mit unregelmäßig gestalteten Enden. Als Eigenformen des vorliegenden Stadiums treten nur die (Nachbarn meist gemeinsamen) *M*-Flächen einigermaßen hervor; doch sind auch diese oft verzahnt, nicht scharf ebenflächig. Wohlbegrenzte Wachtumsstadien sind dagegen nicht selten in der Zonarstruktur abgebildet. (In solchen Kristallen sind manchmal leistenförmige Schnitte sehr kleiner, unter sich gleichorientierter Individuen parallel den Wachstumsflächen des Kristallkopfes eingelagert.)

Auffallend ist in vielen Plagioklasen die starke Anreicherung einer braunen hämatitischen Substanz auf bestimmten (Spalt-) Ebenen, welche meist als (110) erkannt werden konnten. Nach denselben Flächen sind nicht selten schlanke Quarzfinger granophyrisch eingewachsen, so daß man sie in manchen Fällen geradezu zur Einstellung der Ebene benützen kann.

Die gegenseitige Orientierung von Nachbarkristallen ist in der Meistzahl der Fälle eine solche, daß (010) gemeinsam, die Ebene ($\alpha\beta$) je nach Chemismus der Partner nahezu (0—10°) gemeinsam ist, während die gegenseitige Lage der Achsenebenen um einen mittleren Winkel von 40° schwankt.

Die Diagramme 1 und 2 geben den Effekt dieses gegenseitigen Verhaltens der Einzelkristalle bzw. Zwillinge: Enge Scharung der γ zu einem Maximum, dagegen Anordnung der α und β in einem Gürtel mit Betonung besonderer Lagen. Das Maximum der Pole von (010) $= \gamma$ ist merklich gestreckt. Es fällt nun in denselben Großkreis G, der dieser Streckung folgt, auch das Maximum der α, um den Pol von G ($= B$) das noch schärfere Maximum der β.

Wir sehen also zwei Richtungen innerhalb der Fläche s ausgezeichnet; und wir vermuten daraus, daß in der Tracht der Gefügekörner innerhalb der Ebene (010) eine Richtung nahe an β oder α ausgezeichnet ist. Vermutlich ist es c ($\sphericalangle c : \beta = 27°$; $\sphericalangle a : \alpha = 24°$ für $An = 25\,\%$). Diese Richtung ist vermutlich in die Strömungsrichtung eingeregelt.

In den Diagrammen 1 und 2 sind die Feldspate ohne Trennung in Ortho- und Plagioklas ausgezählt, weil 1. die Orientierung des optischen Körpers gegenüber dem Raumgitter eine sehr ähnliche ist und 2. die getrennte Aufnahme (soweit eine Unterscheidung möglich war) eine gleichartige Verteilung ergab.

Aus ebendenselben Gründen gibt sich die Regelung schon durch die (fast) gerade gleichzeitige Auslöschung der subparallelen Lamellen und besonders augenfällig mit dem Gips-Rot zu erkennen (γ gelb, α und β blaugrün).

Die singuläre Richtung der Gefügetracht ist $\gamma = b$, und dies ist auch die schärfst geregelte; die ausgezeichneten Ebenen (010) besetzen eine s-Fläche: Regelung nach der Korngestalt.

Das Diagramm 3 enthält die c-Achsen von 72 Quarzkörnern aus demselben Schliff, von dem Diagramm 1 und 2 stammen, Diagramm 4 154 Achsen eines in Richtung II senkrecht geschnittenen Schliffes.

Kristallographische Begrenzungsflächen fehlen dem Quarz vollständig, die Konturen sind sehr unregelmäßig, sprunghaft zackig ineinandergreifend. Die Schnitte sind nicht selten in derselben Richtung wie der Feldspat langgestreckt.

Die Quarzkörner liegen am Rand der Feldspatkörner, auch in Nestern oder Streifen zwischen denselben. Dann greifen die Individuen wohl meist ineinander, wenn man von verschiedenen durch ein bis mehrere andere Körner getrennten Schnitten fast dieselbe Lage der Achsenpole erhält. Zwischen benachbarten verschiedenen Individuen ist ein Neigungswinkel der Achsen von ungefähr 60° häufig.

In beiden Diagrammen ist ein Kleinkreisgürtel besetzt, dessen Zentrum im Maximum der γ der Feldspate liegt; es fällt auf, daß die Symmetrieachse des Gürtels polar ist.

Gabbro, Frankenstein, Odenwald.

Die beiden wesentlichen Bestandteile des holokristallinen Gefüges sind Plagioklas und Augit. Ersterer wurde vermessen.

Der Plagioklas ist Bytownit-Anorthit (An 70—80 %); $2V = 82°$ negativ —88°, $\sphericalangle$ (010) : $\gamma = 38—46°$. Die zwei angeführten Werte kommen meist je einem Zwillingspartner zu, so daß meist etwas verschieden stark basische Individuen verwachsen scheinen.

Von den untersuchten Individuen wurden bei 20 % die Zwillinge nicht eingemessen; von den übrigen 80 % waren 67 % nach dem Albitgesetz verzwillingt.

γ_1 und γ_2 liegen mit dem Pol der gemeinsamen (010)-Fläche nahezu auf einem Großkreis. Die Feldspate sind abgesehen von (010) kaum idiomorph.

Wie beim Syenit von Plauen ist in zwei der drei untersuchten, aufeinander senkrechten Schliffe, I und II, die überwiegende Mehrzahl der Kornschnitte deutlich nach einer Richtung, die zur Lamellierung parallel liegt, gestreckt. Nur in einem dieser beiden Schliffe (II) liegen diese Längsrichtungen und damit die Lamellen deutlich subparallel.

Die Pole der Lamellen (010) des dritten Schliffes (III) mit verhältnismäßig wenig geordneten Längsrichtungen bzw. nicht seltenen isometrischen Schnitten sind in Diagramm 5 verzeichnet; α in Diagramm 7, β in Diagramm 8.

Der Vergleich der Diagramme ergibt: (010) ist das am besten geregelte Datum. Bemerkenswert ist auch hier die Spaltung des Häufungsfeldes in zwei 38^0 distanzierte Untermaxima; kein deutbarer Gürtel.

Von den optischen Symmetrieachsen weist sowohl β, Diagr. 8, als auch α, Diagr. 7, starke Streuung auf entsprechend dem Abstand von 65 bzw. 60^0 von (010). Man kann wohl annehmen, daß sich bei Vergrößerung der Polzahl die Verteilung noch homogener gestalten würde (d. h. wahrscheinlich innerhalb von Kleinkreisgürteln um (010) homogen), als sie die wohl ziemlich zufälligen Maximumsflecke bei dieser geringen Zahl von 70—80 Polen erscheinen lassen.

Wir sehen, daß es sich um einen in bezug auf das bestgeregelte Datum (010) ziemlich flach getroffenen Schliff handelt. Die Lamellen liegen z. T. nahe an der Meßbarkeitsgrenze, brauchten aber nur in wenigen Fällen (mit Hilfe des bekannten Winkels $M:\gamma$ mit ziemlicher Sicherheit) konstruiert zu werden.

Die zwei Vorzugsrichtungen in Diagr. 5 sind zwar nur 38^0 entfernt, ergeben aber bei der flachen Lage gegenüber der Schliffebene die sehr verschiedenen Lagen der Schnittgeraden zwischen Lamellen und Schliff, die das Schliffbild besonders gegenüber dem Gefügeschnitt II unterscheiden.

Wir haben nach diesem Diagrammbefund auch in den Schliffen I und II keine ausgezeichneten Schnittlagen und mithin keine extremen Vorzugsrichtungen der Intergranulare zu erwarten; es wirkt sich aber in *a* und *b* die Lagenverschiedenheit der *M* weniger aus, am wenigsten in *b*, weil da die Streuung, die in Diagr. 5 in Richtung der Spur von II am größten ist, die Parallelität der Lamellenschnitte am wenigsten beeinträchtigt.

Die Feldspate sind im Gegensatz zum Augit größtenteils ganz frisch, chemisch unangegriffen, aber stark durchsetzt von Spalten, stellenweise förmlich in eine Breccie aufgelöst. Die Spalten sind ebenso wie die Intergranulare größtenteils von hellgrün-augitischem, z. T. kalzithaltigem Material imprägniert.

Syenitporphyr, Thalhorn, Vogesen.

Die im Diagr. 9 gemessenen Glimmer sind unregelmäßig umgrenzte Fetzen oder derbe Blätter mit fransigen Rändern. Das Diagramm enthält 255 Pole von Spaltflächen bzw. Achsen des einachsigen Biotits ohne Auslese.

Eine randliche Zone der Überbesetzung tritt deutlich, wenn auch unscharf abgegrenzt, hervor. Die Anordnung der Besetzungsstellen läßt sich als (unterbrochener) Großkreisgürtel beschreiben.

Zur Ermittelung der genaueren Lage der Gürtelachse suchen wir den Schwerpunkt *B* des Minimums der Pole auf und zeichnen den zugehörigen Großkreis als Gürtelkreis durch den randlichen Besetzungsstreifen.

In die *s*-Flächenschar dieses Gürtels sind die Biotite nach (001), also (in diesem nach der Erstarrung untranslatierten Gestein) wohl nach der Korngestalt unscharf eingeregelt; bezeichnenderweise unscharf, entsprechend der nicht sehr ausgeprägten Idiomorphie des Glimmers in diesem Gestein.

Augitminette, Birkenauer Tal, Weinheim.

Die Grundmasse, in die die eingemessenen Glimmer eingesprengt sind, besteht aus kleinen ineinandergreifenden Feldspatkörnern ohne Vorzugsrichtung in Form oder Lage, die sich bei übersichtlicher Betrachtung verriete. In diese Feldspatbasis eingestreut sind, fluidal angeordnet, zahlreiche schwachgrünliche schmale Augitnadeln und braungrüne Glimmertafeln (in diesem Schliff großenteils leistenförmige Schnitte); die größeren Einsprenglinge bilden zwar für sich wohl zusammenfaßbare Generationen, sind aber durch alle Übergänge in der Größe mit den Grundmasse-Kristalliten ohne deutliche Zäsur verbunden.

Der Glimmer, von dem das Diagramm Fig. 10 stammt, steht nach Volum und Zahl der Individuen unter den Einsprenglingen an erster Stelle. Es folgt Augit, dessen sehr gut idiomorphe, kurzprismatische Schnitte stellenweise stark angehäuft sind (hellgrün, $2V = 62^0$); er neigt zur Rosettenbildung. Augit ist älter als Glimmer, stellenweise ganz oder zum Teil von diesem umschlossen. Der vermessene Glimmer ist einachsig, nach Rosenbusch Anomit.

Der Anomit bildet ziemlich dünne, wohlumgrenzte sechsseitige Tafeln, oft parallelverwachsene Individuen, die sich nur auf kurze Strecken mit den Basisflächen berühren.

Größere Einsprenglingsglimmer sind nicht selten deformiert: undulös auslöschend, wellenförmig gebogen, geknickt. Die Pole der deformierten Körner wurden während der Vermessung herausgehoben. Es ergab sich, daß sie im ganzen Bereich der Lagenkugel verstreut liegen, daß also nicht etwa nur Glimmer bestimmter Lage auf die Deformation durch Biegung reagierten, woraus Schlüsse auf Richtung und Art der Deformation möglich gewesen wären.

Im Diagr. 10 sind 264 Pole von Spaltflächen bzw. Achsen des Anomits ausgezählt. Eine Auslese unter allen Körnern mußte hinsichtlich der Größe (vgl. oben) getroffen werden; unter den überhaupt meßbaren unterblieb jede.

Der Großteil der Glimmer ist mit (001), also nach der ausgezeichneten Fläche der Korngestalt, in ein stark betontes *s* eingeregelt; die übrige Besetzung läßt sich zu einem (Großkreis-) Gürtel (*G* in Diagr.10) zusammenfassen, dessen Achse *B* im Minimum der Pole aussticht.

Glimmerporphyrit, Öhrenstock, Thüringen.

Das Gestein enthält in einer äußerst feingranulierten, wechselnd trüben Grundmasse als Einsprenglinge vollkommen ersetzte Augite (?) und Biotite, die z. T. Augitpseudomorphosen umschließen oder durchwachsen. Die Biotite bilden dünne, nicht selten stufige Tafeln nach (001), die meist auch an den Seitenflächen kristallographisch wohlumgrenzt sind. Sie sind ganz isoliert, allseits von Grundmasse umschlossen.

In Diagr. 11 sind 254 Pole der (001)-Spaltflächen bzw. Achsen des einachsigen Biotits ohne Auslese verzeichnet. Das Diagramm zeigt eine scharfe flächenhafte Regelung, ganz wie es das Schliffbild vermuten ließ. Die aus dem Maximum herausfallenden Pole gehören großenteils solchen Körnern an, die innerhalb oder im Bereich der zersetzten Augite liegen.

Im ganzen ein Bild, ähnlich den beiden vorausgehenden Beispielen: Biotitregelung nach der Korngestalt in *s*, mit wahrnehmbarem Gürtel bzw. Minimum der Besetzung.

Augit-Andesit, Hummerich, Honnef, Rheinprovinz.

In diesem Gestein wurden die Augite untersucht. Sie liegen als ausgezeichnet idiomorphe Einsprenglinge in einer feingranulierten Grundmasse, die aus fluidal angeordneten kleinsten Feldspatblättchen und noch kleineren graugrünen Augitprismen (Chemismus bei beiden nicht näher bestimmbar) mit winzigen Magnetitkristallen dazwischen besteht.

Eine zweite Einsprenglingsgeneration von Feldspaten, vor allem dicktafeliger Labrador mit $An = 58$—$64\,\%$, (positiv, $2V = (58$—$)62^0$, mittlerer Winkel $(010):\gamma = 32^0$), übertrifft die älteren [Augit in Feldspat!) eingemessenen Augitporphyroblasten an Größe, Zahl und auffälliger Parallelorientierung der Längsachsen (und Lamellen).

Eine noch ältere Einsprenglingsgeneration von großen braunen Hornblenden ist zum großen Teil, unter starker Magnetitausscheidung besonders an den Rändern, zersetzt; am stärksten die Körner, die am besten in die Vorzugsrichtung des Schliffes (Feldspate!) eingeregelt sind.

In einzelnen Nestern, die zur Messung nicht herangezogen wurden, ist das Grundgefüge gröberkörnig-holokristallin, ungeregelt, zur Einmessung der Augite.

Es handelt sich um einen idiomorphen monoklinen Augit, +, mit dem Achsenwinkel von (58—)62° und der Auslöschungsschiefe $c:n\gamma =$ 44°; hell gelblich bis bläulichgrün. Also wohl ein alkaliarmer gemeiner Augit, wofür auch Form und Flächenentwicklung, Durchdringungen usw. sprechen.

Bei der Einmessung bedingte wieder nur eine untere Grenze der Größe eine Auslese unter allen Körnern.

Sehr angenehm wirkte sich bei der Einmessung die günstige Schlifflage aus, infolge welcher in den meisten Fällen die Achsenebene zu erreichen war. Allerdings begegnet man dafür um so eher dem schon einleitend erwähnten Schnitt nahezu ⊥ zu einer Achse.

Spaltbarkeiten: Es ließ sich in 96 % der Fälle mindestens ein System der (110) Spaltrisse einmessen; in 44 % auch das zweite (110)-System. Außerdem in 19 % (010), in der Ausbildung gegenüber (110) oft ununterscheidbar, nicht immer genau mit β zusammenfallend. Zwillinge wurden an 13 % der gemessenen Körner beobachtet. Es handelte sich um solche nach (100).

Die Richtung der kristallographischen c-Achse gewinnt man, indem man auf der Achsenebene die zwei Halbierungspunkte zwischen α und γ aufsucht (unter Vernachlässigung des 1°) und zwischen diesen an Hand der eingemessenen (110) Spaltbarkeiten entscheidet.

Zur Feststellung der Gefügetracht wurde auf jeder Oleate mit den opt. und krist. Daten auch eine Skizze des betr. Kornschnitts in richtiger Lage und mit Angaben über die Größe verzeichnet.

Es ergibt sich, daß die Körner, die quer zu c geschnitten sind, in allen Fällen nach $\beta = b$ quergestreckt sind. Wenn aber c mit zur Beobachtung und zum Vergleich mit β kommt, so herrscht die Dimension nach c beträchtlich vor über die nach b.

Es handelt sich also um längliche Platten. Isometrische Schnitte ergeben sich nicht, wenn c quergetroffen ist, sondern in Schnitten aus der Zone von b, wenn c gegenüber b durch die Schiefe des Schnitts verkürzt wird. Andrerseits sind gerade beim Querschliff (bei guter Einregelung von c) mehr längsgestreckte als isometrische Schnitte zu erwarten, wie sie tatsächlich im behandelten Schliff zu finden sind. Auch daß die Längsrichtungen nicht allgemein parallelgerichtet sind trotz der ausgesprochenen Gefügetracht und aus Diagr. 12 ersichtlichen Regel, ist aus der Konkurrenz der zwei Richtungen b und c und der Anordnung dieser Richtungen in den Diagr. 12 und 13 wohl erklärlich.

Das Diagr. 12 zeigt eine sehr scharfe Regel der c-Achsen in einem Kleinkreis vom mittleren Radius von 28°.

Die Augite sind also nach der Korngestalt in eine Gerade (B) eingeregelt mit einer Genauigkeit von ca. 28°.

Die b-Achsen, Diagr. 13, liegen auf einem Großkreisgürtel G um die B-Richtung der c-Achsenregel. G ist aber nicht gleichmäßig besetzt, sondern weist ein deutliches Maximum auf mit einer der der c-Achsen analogen Streuung in einem Kleingürtel mit dem Zentrum in G.

Dieses Maximum ist von der quergedehnten Gefügetracht des Augits bedingt: Die Ebene (100) der zwei Vorzugsdimensionen b und c ist in ein wahrnehmbares s eingeregelt.

Wir sehen in Diagr. 13 ein Beispiel für einen unmittelbar genetischen Gürtel; zum Unterschied von dem im folgenden Diagr. 14, welcher der Entstehung der Regelung nur mittelbar zuordenbar ist. Die Besetzung des Diagramms 14 spiegelt die Bewegungsfreiheit (von $2 \times 28°$) der nach b c (dick-)tafelförmigen Körner um das Mittel-s wider.

Dolerit, Löwenburg, Siebengebirge.

Das Gestein ist der Hauptsache nach ein ziemlich gleichmäßig kleinkörniges Gemenge aus Feldspat und Augit. Der Feldspat ist ein Labrador mit durchschnittlich 60 % An (positiv, $2V = 75$—$84°$, $\sphericalangle$ (010) : $\gamma =$ 32—38°, also An zwischen 53 und 67 %). Er tritt in kleinen, schmalen, nach (010) tafelförmigen Individuen auf.

Die Lote auf diese Tafeln wurden im Fedorow eingemessen; die Diagramme zweier aufeinander senkrechter Schliffe sind in den Diagr. 15 und 16 wiedergegeben. Daß es sich um (010)-Pole handelt, wurde an verschiedenen Stellen des Schliffs durch Einmessung der Optik kontrolliert. Zwei Schliffe sind vermessen worden, um den eventuellen Entfall von flachen Lagen der Tafeln bzw. Lamellen zu kompensieren. Dieser war von vornherein für beide Schlifflagen als gering einzuschätzen, weil die Schliffe senkrecht zu dem vermutlichen s angefertigt wurden.

Beide Diagramme zeigen eine deutliche Regel. In Diagr. 15 fällt die Zweiteilung des peripher gestreckten Maximums auf. Übereinstimmend damit ist das Maximum in Diagr. 16 randlich gedrängter; die entsprechende radiale Streckung ist nur angedeutet, weil die Lamellen, deren Pole noch zentraler zu liegen kämen, nicht mehr einmeßbar sind (10 % der betrachteten Körner unmeßbar; der Schliff ist ungünstigerweise in bezug auf die Lamellenmaxima unsymmetrisch geführt). Die Teilmaxima sind auch schon infolge der projektionsgemäßen Verengung der Kleinkreise aneinandergedrängt.

Die zentralen Kleinkreise (vom Radius 30°) schließen den Bereich des Beobachtungsausfalls ein. Die beiden Diagramme bieten lehrreiche Beispiele dafür, daß man der Vermutung einer B-Achse in einem ausgedehnteren Minimum erst dann nähertreten darf, wenn man sich vergewissert hat, daß ein Beobachtungsausfall aus messungstechnischen oder subjektiven Gründen (infolge einer Auslese besonderer Schnittlagen) an der betreffenden Stelle sicher auszuschließen ist.

Die Aufteilung der Tafeln in zwei 35—50° distanzierte Hauptlagen verleiht dem Schliffbild sein charakteristisches Gepräge: Die einzelnen nebeneinanderliegenden Feldspatleisten folgen wellenförmig den auf- und absteigenden Schenkeln von ziemlich gleichbleibenden Winkeln von 130–140°. Die Körner, die die zwischenliegenden Pole liefern, sind durchschnittlich kleiner als die übrigen.

Der Augit ist kurzprismatisch ausgebildet, zum größten Teil ausgezeichnet idiomorph, in geringerem Maße dann, wenn er kreuz- oder sternartige Ver- und Durchwachsungen bildet. Die Größe der Augite schwankt. Sie werden von kleinen Magnetitkristallen begleitet.

Olivin, ziemlich spärlich, ebenfalls idiomorph.

Häufig in der einen Ebene des Schliffs, nicht für alle Fälle nachweisbar, kann man Anhäufungen der kurzen, sperrigen Augitkristalle als die Ursache des Ausbiegens der Feldspatzüge (vgl. die zwei Untermaxima in Diagr. 15) erkennen.

Der zu den beiden aufgenommenen senkrechte dritte Schliff bietet ganz das Bild, das die Diagramme vermuten lassen: es überwiegen die Flächenschnitte, d. s. fast isometrische Tafeln.

Zusammenfassung:

Als am schärfsten geregelt ergeben sich in allen vorstehend angeführten Beispielen von nachkristallin (fast) undurchbewegten Massengesteinen die singulären Richtungen der äußern Gestalt (Regelung nach der Korngestalt):

1. Bei wirtelig-symmetrischen Tafeln die Lote auf die Tafelflächen: Pol von (001) des Anomits in Augitminette, des Biotits in Glimmerporphyrit; γ bzw. (010) der nach (a c) gestreckten Feldspate im Syenit von Plauen.

2. Ist in den Tafeln dagegen eine Richtung morphologisch ausgezeichnet, so zeigt diese die schärfste Regel (Kalotte); während die gegen diese geneigten Richtungen in Gürteln streuen.

Der Regelungen so leicht aufnehmende (und abbildende) Glimmer ist auch hier besonders instruktiv zur Illustration dafür, daß mit der schlechtern Ausgestaltung der Form auch die der Regel abnimmt. Beispiel Syenitporphyr, Thalhorn: In diesem Gestein sind die Glimmer schlecht idiomorph, die Dicke der Tafeln in einzelnen Fällen schon ebenso groß wie die Dimensionen in der Tafelfläche. Gerade dieses Gestein hat das am wenigsten scharf geregelte Glimmerdiagramm.

Verzeichnis der Diagramme.

Die %-Angaben in der vorstehenden Legende sind Durchschnittszahlen für die Besetzung der Felder in Prozenten aller vermessenen Körner. Die genauen Zahlen der Körner, die in den aufeinanderfolgenden Dichtestufen eines Diagramms zusammengefaßt wurden, sind in der gleichen Reihenfolge im Diagrammverzeichnis zu jedem Diagramm angegeben. Die Zahl der bei der Vermessung begegneten unmeßbaren Körner ist besonders angeführt, wenn sie 2 % der verzeichneten überschreitet.

Diagr. 1—4: Syenit von Plauen, Sachsen. Die untersuchten Schliffe stammen von einem Stück, das Prof. SANDER an Ort und Stelle gesammelt hat.

Diagr. 1—3: Schliff I, Diagr. 4: Schliff II (vgl. die Spur von II n Diagr. 1).

Diagr. 1: γ der Feldspate, d. s. Orthoklas und Oligoklas, 46 Pole, s = sehr deutliche Längsrichtung der Feldspatschnitte. 0, 1, 2, 3, 4—5, 6—7.

Diagr. 2: Schliff I wie Diagr. 1, α der Ortho- und Oligoklase, 48 Pole. 0, 1, 2, 3, 4, 5.

Diagr. 3: Schliff I wie Diagr. 1. c-Achsen des Quarz, 72 Pole. 0, 1, 2, 3—4, 5—6.

Diagr. 4: Schliff II, ⊥ Diagr. 1. c-Achsen des Quarz, 154 Pole. 0—1, 2, 3—4, 5—6, 7—9, 10—13.

Diagr. 5—8: Gabbro, Frankenstein, Odenwald.

Diagr. 5: (010) der Plagioklase, d. i. Bytownit-Anorthit, 109 Pole. s = ungefähre Mittellage der nicht sehr ausgeprägten Längsrichtungen der Kornschnitte.

Diagr. 6: Schliff: s wie Diagr. 5. γ von Bytownit-Anorthit, 77 Pole 0, 1, 2, 3, 4—5.

Diagr. 7: Schliff: s wie Diagr. 5. α von Bytownit-Anorthit, 76 Pole. 0, 1, 2, 3, 4.

Diagr. 8: Schliff: s wie Diagr. 5. β von Bytownit-Anorthit, 79 Pole. $\sphericalangle$ (010) : $\beta = 60^0$. 0, 1, 2, 3, 4—5.

Diagr. 9: Syenitporphyr Thalhorn, Vogesen. Spaltflächen bzw. Achsen des Biotits, 255 Pole. 0—1, 2—3, 4—5, 6—7, 8—9.

Diagr. 10: Augitminette, Birkenauer Thal, Weinheim. Spaltflächen bzw. Achsen des Anomits, 264 Pole. 0—1, 2—3, 4—5, 6—8, 9—10, 11—13, 14—15, 16—18.

Diagr. 11: Glimmerporphyrit, Öhrenstock, Thüringen. Spaltflächen bzw. Achsen des Biotits. 254 Pole. 0—1, 2—3, 4—5, 6—8, 9—12, 13—16, 17—25.

Diagr. 12—14: Augit-Andesit, Hummerich, Honnef, Rheinprovinz.

Diagr. 12: Augit, *c*-Achsen (konstruiert), 82 Pole. 0—1, 2, 3, 4, 5—6, 7—10.

Diagr. 13: Schliff wie Diagr. 12. Augit, Achse $b = \beta$, 87 Pole. 0—1, 2, 3, 4, 5.

Diagr. 14: Schliff und Bezeichnung wie Diagr. 12, *a* der Augite, 91 Pole. 0—1, 2, 3, 4—5.

Diagr. 15 und 16: Dolerit, Löwenburg, Siebengebirge.

Diagr. 15: Lote auf die Tafelflächen (= 010) von Labrador-Bytownit, 303 Pole, 25 unmeßbar. 0—1, 2—4, 5—6, 7—9, 10—11, 12—14, 15—18.

Diagr. 16: Schliff $\perp$ Diagr. 15, Lote auf die Tafelflächen (= 010) von Labrador-Bytownit. 303 Pole. 30 Körner unmeßbar. Stufenfolge wie in Diagr. 15.

Diagr. 17: Quarze aus dem Quarzporphyr von Tobolz bei Meißen. 300 Pole. Schnitt $\perp$ *B*, Flächen der laminaren Strömung = *s* (Messung Reithofer).

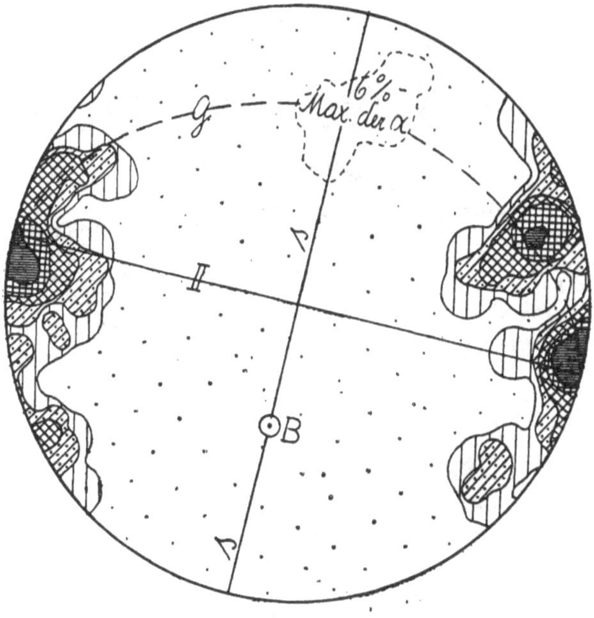

Fig. 1.

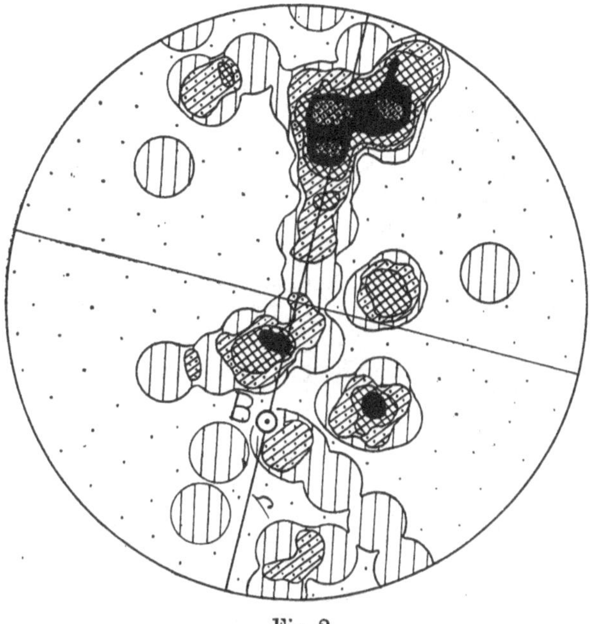

Fig. 2.

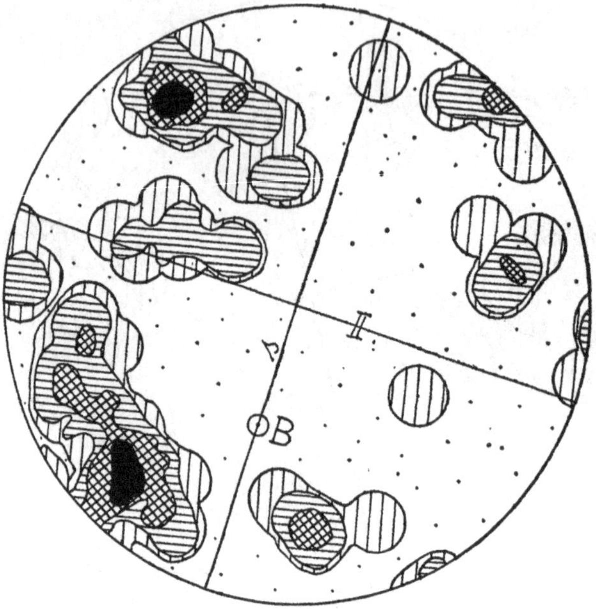

Fig. 3.

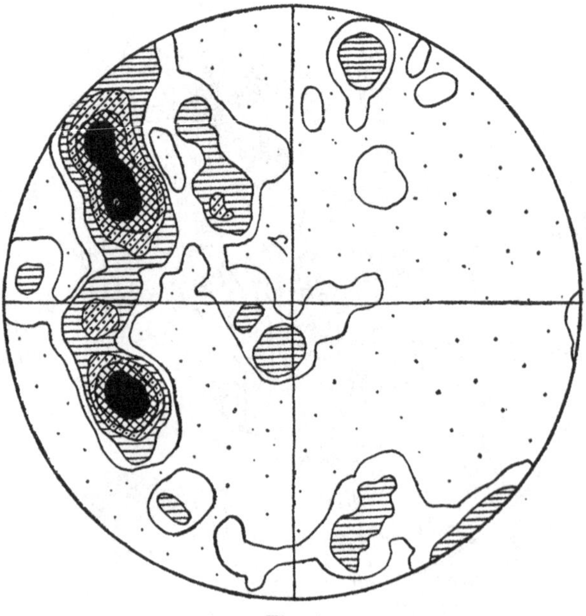

Fig. 4.

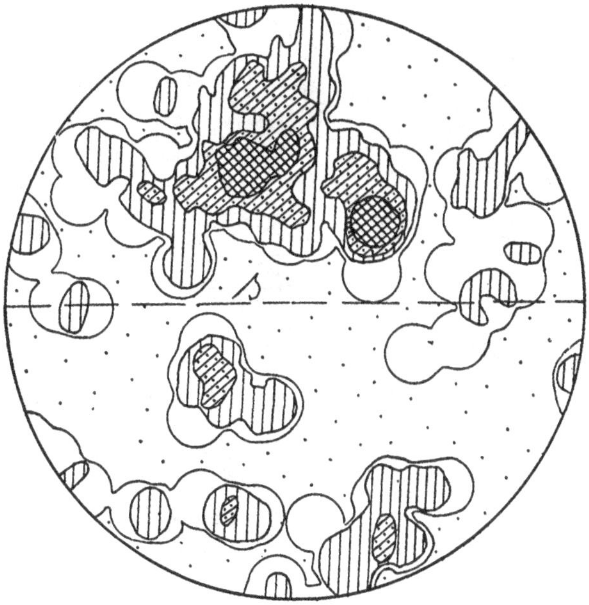

Fig. 5.

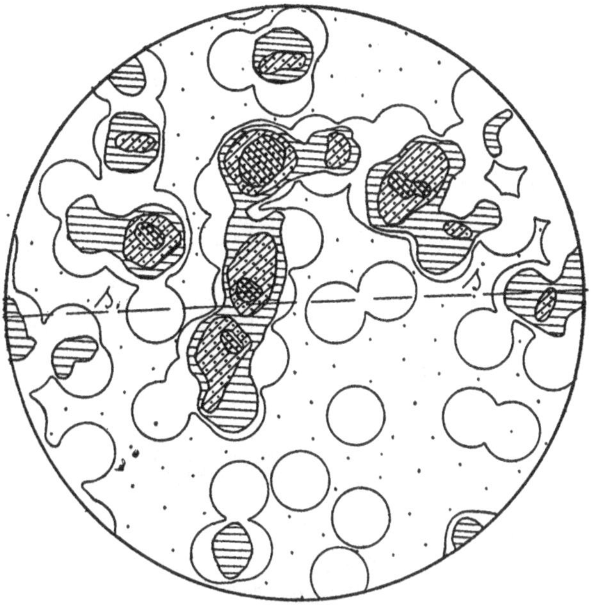

Fig. 6.

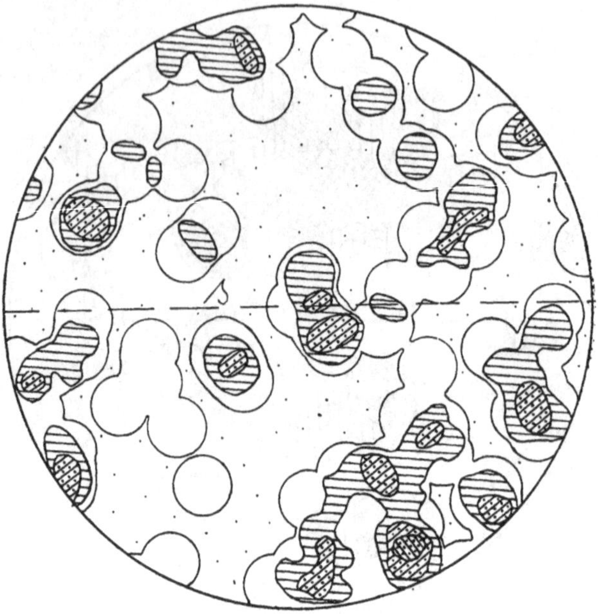

Fig. 7.

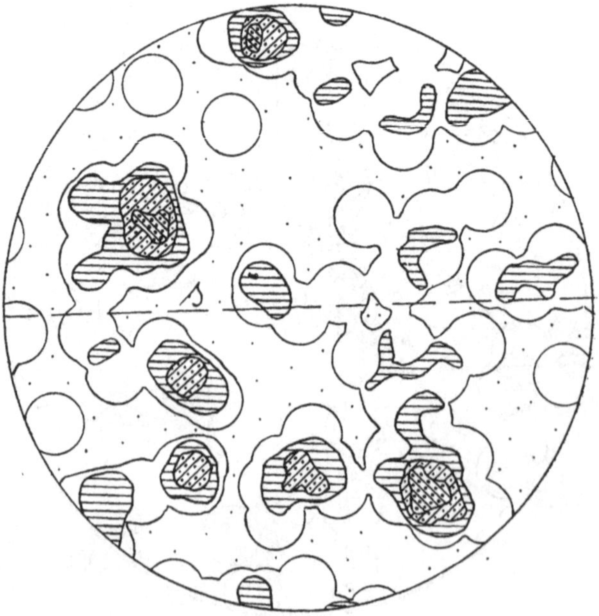

Fig. 8.

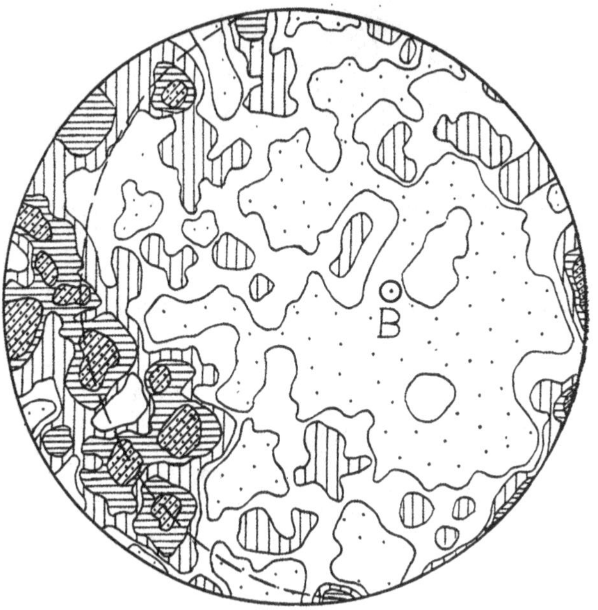

Fig. 9.

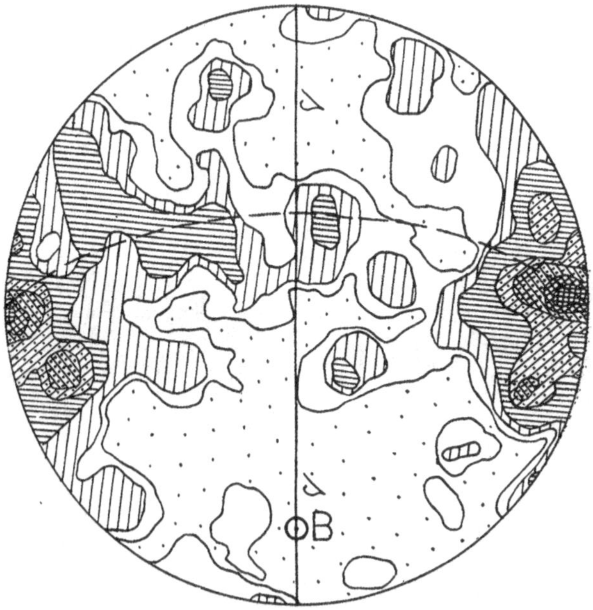

Fig. 10.

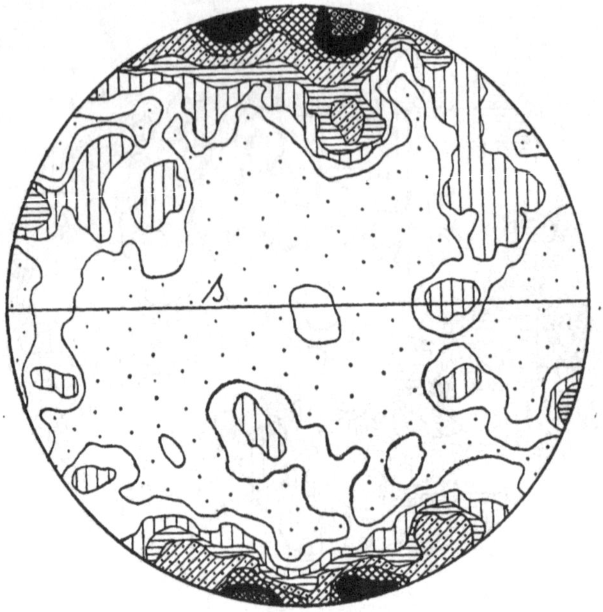

Fig. 11.

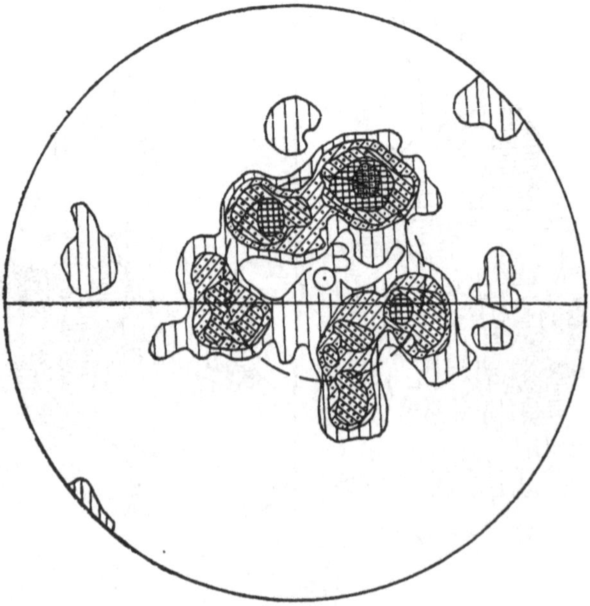

Fig. 12.

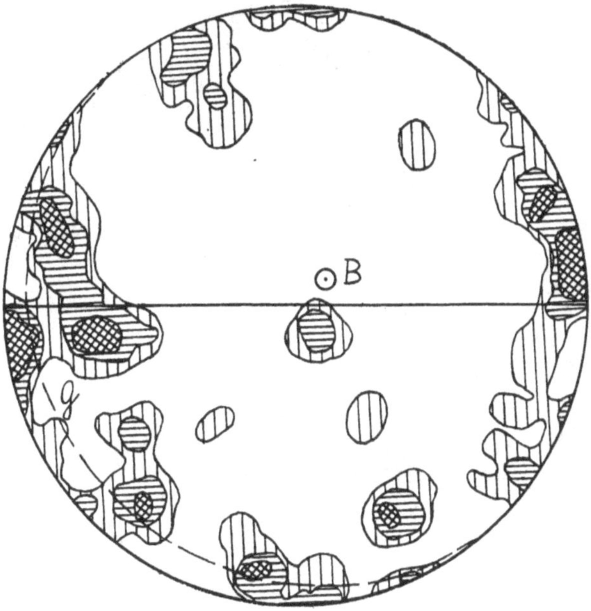

Fig. 13.

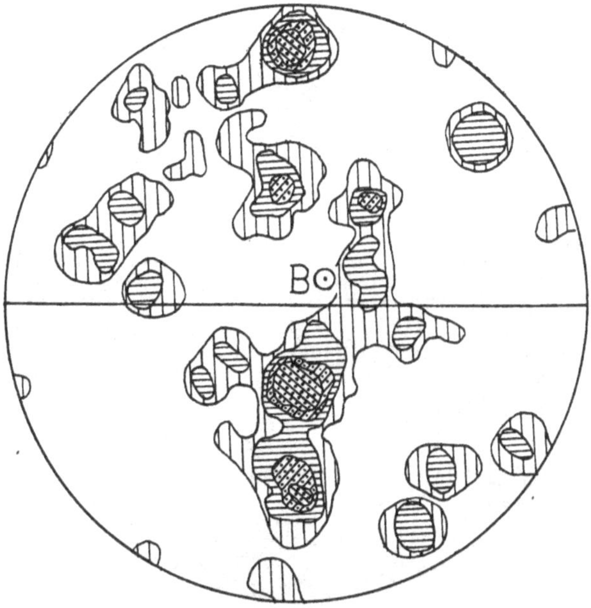

Fig. 14.

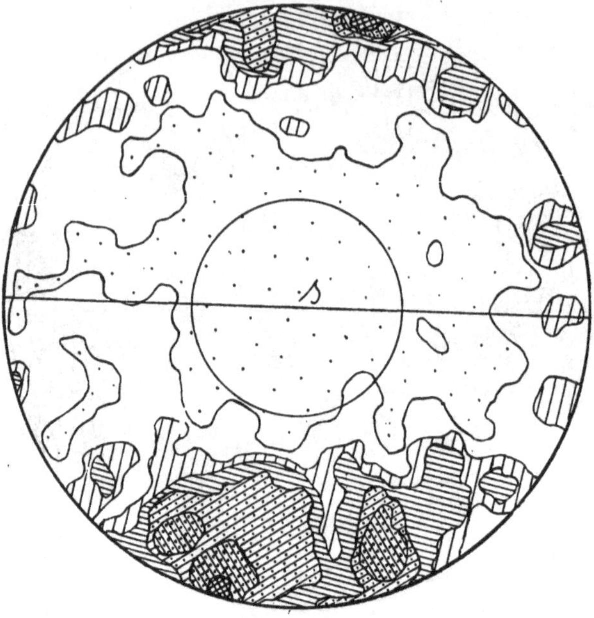

Fig. 15.

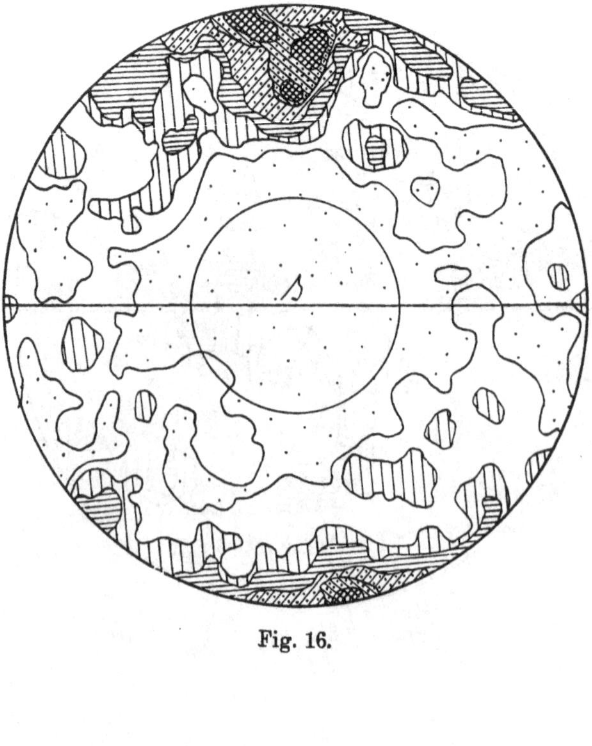

Fig. 16.

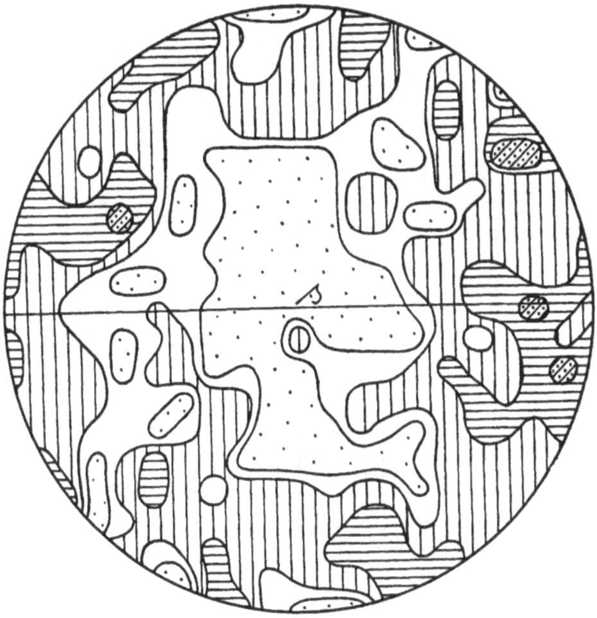

Fig. 17.

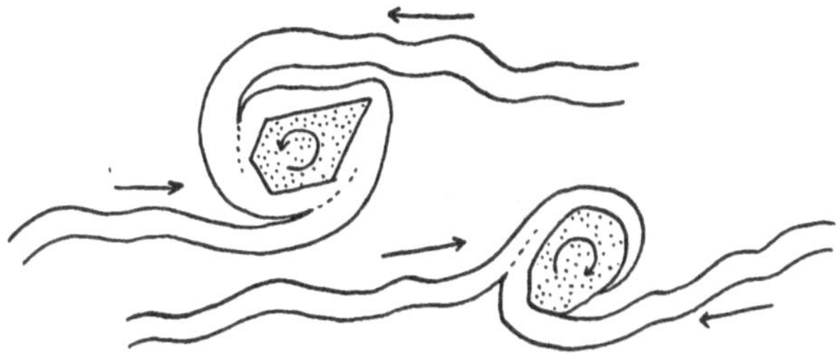

Fig. 18.

Fig. 19.

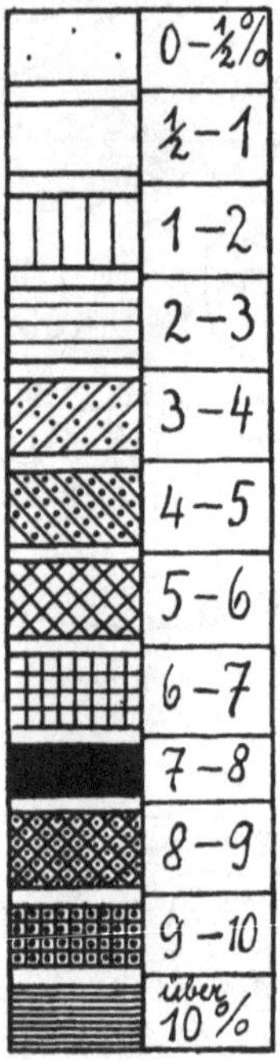
0–½%
½–1
1–2
2–3
3–4
4–5
5–6
6–7
7–8
8–9
9–10
über 10%

FSC
www.fsc.org
MIX
Papier | Fördert gute Waldnutzung
FSC® C083411

Kolibri 360 GmbH
Ferdinand-Jühlke-Straße 7
99095 Erfurt, Deutschland
produktsicherheit@kolibri360.de